超圖解

從陽台到餐桌の

迷你菜園

——親手栽培・美味&安心

42種蔬菜培育攻略・立刻動手作作看！

Vegetable Cultivation

每個人對於幸福的定義不同，
以我而言，種菜才是最幸福的事情。

你每天吃什麼蔬菜，決定了農夫會種什麼、怎麼種。根據統計，台灣每人每年平均吃下 1.5 公斤農藥。當我們無法確認每天吃的糧食是否為「良食」，那又如何確保「食的安全」呢？我的方法是自己學種菜。

許多人會說，我沒有田地可以種菜。其實近在咫尺的陽台或頂樓就是一個很好的種菜環境。學會種菜的同時，您也同時學會如何選擇營養、健康又安全的蔬菜了。比如外食時，盡量避免選擇十字花科蔬菜，除非取得有機認證的農場出品的食材，因為十字花科的蔬菜蟲最多，我在陽台種小白菜（十字花科蔬菜）時，如果沒有認真抓蟲，常常最後只剩下菜梗，葉子都被蟲吃光光了；菜蟲這麼多，相對農夫使用農藥也多，吃進體內都是累積、負擔。

建議大家盡量選食當令蔬果，夏天不吃高麗菜、菜頭；冬天不吃空心菜、絲瓜。古諺「身土不二」的意思就是自己家鄉種植的作物最營養、健康。冬季時不吃由外地運送來的空心菜，空心

菜是適合夏季種植的蔬菜。選擇吃當令蔬果，也減少了運送食物的路程，吃得又營養，一舉兩得。

小時候某個夏天，爸爸種的絲瓜大豐收，種了兩株卻結了三百多條結實的絲瓜，除了分送鄰居親戚之外，還作了不少菜瓜布，爸爸從小開始種菜，靠著經驗以及爺爺的傳授，學會了順應環境改變種植技巧。人無法改變氣候（雨量、溫度、日照長短）但我們可以了解作物特性，懂得植物生長繁衍的原理，在陽台上種出自己理想的一畝田也不是件難事。

每次去日本玩，一定會買日本種菜的書，喜歡日文書的插畫風格，鉅細靡遺的介紹蔬菜的特色及種植方法，及台灣少見的品種。所以當你讀完本書，相信一定也可以當一個快樂、有成就感的城市農夫。

謝東奇

桃園縣有機產業發展協會常務監事
樂活栽品牌總監

自家培育的
蔬菜最美味

書中介紹の蔬菜種類

再忙也想自己種菜！
簡單＆速成蔬菜

帶孩子一起來種菜！
收成豐碩、營養滿載蔬菜

料理的好幫手！
香草、香料

沒有陽台也能栽種的蔬菜！
室內蔬菜

FLOWERS

好吃蔬菜的基本條件，就是要「新鮮」。

在陽台上置放盆器，再播入種子，陽台菜園馬上就誕生了！

看著自家培育的種子冒芽、育苗慢慢長大……

當進入收成期時，即可享受新鮮水嫩的蔬菜，

同時，也能感受到成長帶來的喜悅。

只要掌握基本的種植法與培育法，

你也可以享受快樂的菜園生活！

目 錄 Contents

種植蔬菜前 の準備工作

在自家陽台種植蔬菜最重要是陽台的環境。

依日照、通風與空間大小，所能種植的蔬菜種類也有所不同。

當決定要種的蔬菜後，就動手準備需要的工具吧！

檢視陽台環境

善用陽台
動手種植蔬菜！

種植蔬菜不可或缺的條件就是日照。除了陽台面向日照時間的變化之外，依陽台護欄不同，太陽照射方式也會有所改變。由於蔬菜種類的不同，有喜好強烈日照環境的，也有喜歡較陰涼的環境的，事先確認日照環境再選擇所要種植的蔬菜是很重要的。除此之外，通風也是一個重要要點；如果通風狀況不好，會累積濕度，容易導致蔬菜的根腐爛、感染葉菜類疾病，因此必須多加注意。

在種植蔬菜前，仔細地確認自家陽台空間的大小、形狀、排水口與緊急出口的位置吧！

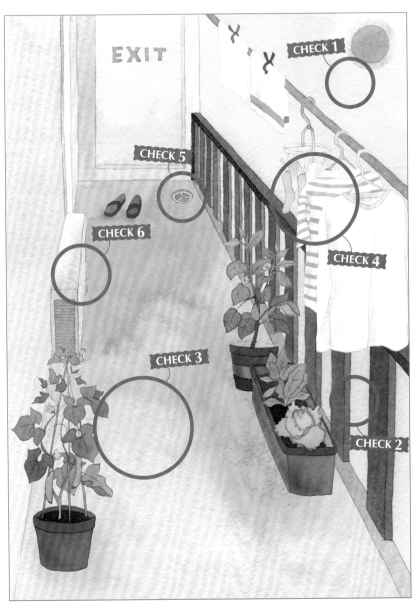

陽台的檢視重點！

觀察自家陽台的環境，在腦中思考設計一下，看看哪種蔬菜容易種植、將盆器安置在哪裡比較好呢？

☑ **1 陽台的面向**

隨著陽台面向的位置不同，日照時間也有所不同之外；因著季節的變化，太陽的位置也會跟著改變。夏天太陽的位置較北，陽台的前面可直接受到日照，而冬天時，太陽的位置較南，陽台的裡側才能受到日照，因此盆器的位置也需配合季節做調整。

☑ **2 通風**

一般推薦通風佳的欄杆式護欄，若是水泥式護欄等⋯⋯通風狀況不好時，則建議使用高腳盆來加強通風。

☑ **3 陽台空間大小**

仍需保留行走空間，在窗戶前及會妨礙動線處也要避免放置種菜盆器。

☑ **4 確保曬衣空間**

當植物換盆後會長高，為了避免日後造成曬衣及曬棉被的困擾，因此在放置種菜盆器前要多留心。

☑ **5 排水口位置**

因為澆水後，多餘的水會從花盆中流出，且雨水也有可能會聚積，因此在排水口上方及附近建議不放置盆器及工具，避免妨礙排水。

☑ **6 冷氣室外機**

室外機前排氣及排水處也建議不放置盆器。

配置小技巧

檢查一下陽台，精心設計其中配置，即可讓你種起菜來更加得心應手。如果陽光不足，通風不佳時，多花一些巧思，就可以改變陽台的狀況喔！

墊高盆栽，改善通風

通風不佳，植物就容易生病。可運用腳架和架子等工具，增加盆底的通風度。

墊高盆栽，增加日照機率

植物放置於背光處，如：水泥柵欄前，可利用架子或衣架將盆栽架高，使葉子突出於柵欄上方。陽光照射不到的地方，則可用來收納鏟子和噴壺。

盆栽腳架

使用支柱，縮小攀緣植物利用面積

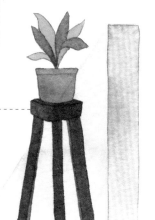

培育小黃瓜、苦瓜、豌豆等攀緣植物時，需設立支架輔助。當陽台高度有限時，利用玫瑰和牽牛花常用的套圈，讓藤蔓攀於其上，即可縮小植物利用面積。

有效活用空間

活用架子、梯凳、掛籃等工具，採用立體式配置，可有效節省空間，也可增加盆栽擺設的數量。

大型盆栽，進行聯合種植

當陽台過於狹窄，無法放置太多盆栽時，不妨將植物一起種在大盆栽中。可選擇番茄和茄子等本枝較高的結果類蔬菜；或挑選可每日收成的葉菜類蔬菜，及具除蟲效果的香草，一同種植；葉菜類蔬菜與香草則具有預防土壤乾燥的效果。

陽台日光不足，也可種植蔬菜

當建築物朝北，日照不足時，可選擇在微光下也能生長的植物。

半陰處也能培育的蔬菜

- 油菜 P.22
- 長葉萵苣 P.30
- 菠菜 P.56
- 紫蘇 P.72
- 冬蔥 P.76
- 鴨兒芹 P.85

備齊必要工具

如何選擇 盆器

盆器是種植蔬菜的必備工具。盆器的大小直接影響土量多寡，土越多，蔬菜也就會長得越好。種菜新手常犯的錯誤是，未考慮到菜苗長大後的狀況，即將眼前看起來還小的菜苗放至小盆器中種植。建議種植前要好好了解欲栽培的蔬菜特徵，慎選適合的盆器。

本書依著盆器大小，分為小型（5至8L）、中型（12至16L）、大型（24至35L）及深型（14至24L）四類說明。一般來說，作物的生長高度較高，栽培期較長的蔬菜會使用大型或深型盆器；而作物的生長高度較低，栽培期較短的蔬菜則會使用小型或中型盆器。

盆器形狀＆大小

（　）內的數字為土壤容量

深型（14至24ℓ）高約30cm

適合像小番茄、嫩莖青花筍這類逐漸成長、且長得很高的蔬菜，或馬鈴薯之類根會長得很長的蔬菜栽培。

小型（5至8ℓ）

適合如嫩葉、蘿蔔、香草植物等。

中型（12至16ℓ）

適合油菜、長葉萵苣、菠菜等。

大型（24至35ℓ）

適合小番茄、茄子、小黃瓜這類會長得很大、需要支架輔助，且能夠多種種類共生栽培的蔬菜。

盆器材質

盆器種類眾多，具各樣功能、特性，包括重量、排水性、透氣性、外觀等……建議不妨多嘗試各種特性的盆器後，選擇適合的材質來使用吧！

塑膠盆

又輕又堅固，但因為透氣性不佳，因此澆水時需節制水量。可以盆器腳架墊高盆器的高度改善通風狀況。

木盆

透氣性佳、材質輕，由於是不易導熱的材質，因此在夏季氣溫上升時，盆內的溫度也不太有什麼變化。如果是未經防腐加工的木材及金屬材質盆器，與其他材質盆器相比，使用期限較短。

素陶盆

透氣性及排水性佳，即使在很熱的夏天時土壤的溫度也不容易上升。缺點為材質笨重易破損。但長時間使用後可顯呈現盆器的質樸素雅。

再生紙環保盆器

透氣性佳、重量輕、易於使用，但不持久，大約使用兩年後就得更換。使用後可當可燃垃圾處理。

陶器

在素陶盆上塗上一層釉藥，透氣性及保水性皆佳，盛夏時溫度也不易上升。

此為再生紙環保盆器的標誌。

方便的園藝工具

種菜時除了盆器之外，還有其他必備工具，如播種時或菜苗移植時，需要用到迷你鏟；每天澆水用到的噴霧器或澆水壺。還有哪些必備工具呢？

必備工具

小鏟子

將土放入盆器中時、當菜苗移植需挖洞時、追肥時，都需使用到小鏟子。如果有更小的迷你鏟，培土時也能使用。

澆水壺・噴霧器

在菜苗發芽前，為防止種子被水沖走，建議以噴霧瓶澆水。待菜苗發芽生長後，即可改以澆水壺澆水。當進行液肥施肥及藥劑時也可使用。

園藝剪刀

採收蔬菜或修剪莖葉時使用。若刀鋒不夠銳利，細菌易由切口處侵入，在修剪時請小心適切。

盆底網

於盆底洞孔上方使用，可用來防止盆底泥土流失及昆蟲侵入。

盆底石

為改善盆器排水狀況時可使用盆底石。方式是將盆底石放置在盆底網上後，再覆蓋泥土。

支架・麻繩

在換盆後，為了使根株不會倒下，需使用輔助性的工具如豎立支架，並以麻繩支撐植株。當番茄、青椒及小黃瓜等蔬菜，生長得較高時，需將其藤蔓及莖以麻繩纏繞固定在支架上以支撐植株的生長。

水盤

舖放於花盆底下，可防止因水滿溢所造成髒污。如水盤積水易造成蔬菜根部腐爛，建議請定期檢查。

育苗缽

將種子培育成菜苗時使用。當菜苗長到一定程度大小後，再移植至較大的花盆中。

園藝用篩網

播種後，在種子上舖上一層薄薄的泥土時使用。經常用於需要光線才能發芽的好光性種子。

更便利的工具

手套

施肥灑藥劑、移植菜苗時，戴上手套可避免手弄髒。

名牌

將蔬菜名、品種及播種日期寫在上面，再插於花盆中。

盆器腳架

可將盆器墊高，加強通風。

水桶

將泥土倒入盆器混合時置於下方，防止弄髒地板。

如何選擇土壤與肥料

選擇土壤或肥料，蔬菜的生長也會有所改變

只要根能夠好好地伸展扎根，植物就能長大，而土壤具有良好的保水性及排水性則是重點。泥土中若是水分充足，排水佳，空氣和水能夠一起通過土壤，也會使得土壤的透氣性更為良好。肥料是在植物生長期間必需補充的營養素。如果要促進生長，或欲使果實結得更好等不同目的，所需使用的肥料也不相同；因此要選擇適合的時間點，選用適合的營養素補充植物的營養吧！

如何選擇土壤

可立即使用的土壤

對種菜的新手來說，市販的蔬菜用培養土已事先調合了培育蔬菜時所需的營養素，拆裝後可立即使用，因此建議初學者選購此種土壤使用。若對安全性有所顧慮，則建議選用加入有機質成分的有機培育土。若無實際使用泥土，很難區分出其好壞，建議先買二至三種小包的泥土試著種種看，再找出最適合種植蔬菜的培育土。

自行調配培養土

試著調配蔬菜所需營養與機能兼備的混合培養土。

蛭石
小粒赤玉土
培養土
稻殼・蕎麥皮堆肥
腐葉土

- 蔬菜用培養土
- 蛭石
  將蛭石經高熱的燒結處理後，其體積變為原來的十倍大，材質輕，保水及透氣性極佳。
- 小粒赤玉土
  保水性與排水性皆佳的輕量用土。
- 稻殼・蕎麥皮堆肥
  以稻殼、蕎麥皮、稻草、樹酸液等調合成的有機堆肥。
- 腐葉土
  為樹葉掉落後腐爛的土質。富含有機成分，透氣性及保濕性極佳。

建議調合比例為由上至下依序為〔3：1：3：1.5：1.5〕。

優質培養土的必備條件

- 腐葉土、堆肥等有機土壤需保持溼潤
  選擇土壤時，從外袋確認培養土中的腐葉土和堆肥是否有乾燥泛白的狀況發生。
- 確認品質標示
  請確認包裝上是否有標記培養土中所含的土壤和肥料的成分，酸鹼值是否中和，是否適合用來培育蔬菜。
- 確認觸感及氣味
  保水性和排水性良好的土壤，以手掌用力握緊後，土壤會呈現手的形狀，當以指尖戳土壤局部時，土壤就會變形。手握土壤之際，可感受到土壤中適度的濕氣。
  不成熟的腐葉土和堆肥會發出惡臭味，應盡量避免使用。
- 確認土壤的重量
  含有水分的土壤，質量比一般土壤扎實。土壤過輕，植物不易生根；土壤過重，排水性欠佳，有礙於植物的生長。

如何選擇肥料

依蔬菜生長狀況，選擇適合肥料

適時施加肥料，是活用肥料中養分的不二法門；需配合蔬菜的生長情形，施加不同的肥料。

肥料的種類

化學肥料　含有種菜時必備的營養三要素。有莖葉生長的必要養分「氮」；開花結果的必要養分「磷酸」；及促進植物生根的「鉀」的肥料。

緩效性肥料　經加工後的固狀肥料，遇水後養分會慢慢融出的肥料。

液體肥料　加水稀釋原液使用的液狀肥料。施加後立即見效，適合使用於短期收成的蔬菜栽培。

施肥時機

基肥　栽種時使用的肥料。培育蔬菜時，需於土壤中施加足夠的養分，植物才能順利生長。

追肥　生長途中，需補充不足的養分。依蔬菜的種類不同，追肥的時機也會不同，請注意。

〔追肥時機〕

第一朵花的開花時期（結果類的蔬菜）	間拔後	結果時期

培育蔬菜工作

栽種蔬菜時，需歷經播種、定植幼苗、每日勤澆水等過程……

植株生長後，間拔和追肥等作業也不可少。

這一系列的基本流程，適用所有蔬菜。

讓我們一探究竟栽種流程吧！

播種

栽種的基本功：播種

栽種蔬菜的第一個步驟為播種，播種的方式分為三種，可依蔬菜的種類和培育場所、管理方法選擇適合播種方式。播種時節也不可輕忽，播種時期不當，會阻饒後續植物發芽和生長，請參考P.94至P.95的蔬菜栽培月份表。

於盆器內加入土壤

準備培養土和盆器後，即可開始播種。
播種前，使土壤充分吸收水分，可提高發芽機率。

於盆底鋪入盆底網後，放入高2至3cm盆底石，並填入培養土至6分滿的位置。

澆入大量水分，至水分從盆底流出為止，之後再加入培養土至8分滿的位置。

以木板將土面壓平，土面不平整會使長出的枝芽高度參差不齊。

播種

播種的方式分為條播、點播、散播。播種的方式並無強制規定，可依盆器大小和蔬菜的品種來選擇適合的播種方式。
請參考種子外袋上記載建議的播種方式。

條播

在土壤表面作出一條溝狀，於一定的間隔處撒入種子。栽種葉菜類蔬菜時，建議使用長方形盆器。

使用木板或小木棍於土壤表面作出深1cm的條溝，如果條溝不只一條，條溝間請間隔10至15cm。

以指尖抓起種子撒入條溝中，勿使種子重疊在一起，保持1cm間距。播種時以大拇指和食指反方向搓捻，使種子均勻播種。

點播

於一定間隔處挖小洞，於每一洞中播入數粒種子。培育豌豆等體積較大的蔬菜時宜使用圓型盆器，可減少間拔次數。

利用保特瓶瓶蓋輕壓土壤表面，作出深1cm小洞。

於每一個洞中放入3至5粒種子，種子愈大放入粒數愈少，種子愈小放入粒數愈多。

撒播

將種子均勻地撒於土面上的播種方式。播種作業簡單，收成量大。由於需要間拔的次數較多，適合運用於綜合嫩葉等植株高度較低的作物上。

如圖將紙對摺，將種子放於紙片上，輕彈紙張邊緣，讓種子均勻地撒在土面上。

再以指尖或鑷子調整種子的位置，避免種子重疊在一起。

覆土

播種後需在種子上覆土。不同蔬菜品種，覆土量也不同，請事前進行確認。最後輕壓土面，去除種子和土壤間空隙，提高發芽的機率。

條播

以拇指和食指抓起條溝兩側的土壤，將土壤覆蓋於種子上方。

以木板輕壓土壤表面，去除土壤和種子間空隙。

點播・撒播

將土以篩網過篩，輕覆於種子上。

以噴霧器打濕土壤表面。澆水壺的水勢過強，建議使用噴霧器。

播種的重點

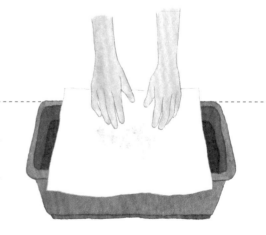

●依種子特性改變土壤量

種子可分為好光性種子（需要陽光始發芽的種子）和厭光性種子（不需要陽光始發芽的種子）。好光性種子如：長葉萵苣和綜合嫩葉，覆上薄量土即可，而厭光性種子如：蘿蔔，覆土量則較厚。於厭光性種子發芽前於上方蓋上紙張，可有效防止乾燥和蟲害。

幼苗定植

定植時請務必小心謹慎，勿傷及幼苗

本單元將介紹基本定植方法。番茄、小黃瓜、青椒等不易培育的蔬菜，建議直接購入現成的幼苗進行定植。

將育苗缽底浸高1cm水中。

1 預備幼苗、培養土、盆器、盆底網、盆底石。於定植作業的前一晚或兩小時前，將育苗缽放入裝水的盆器中，讓幼苗充分吸收水分。將盆底網裁切適當大小，鋪於盆底洞上方。

2 於盆器中放入高2至3cm盆底石，加入與苗齊高的培養土。填土時可放入幼苗，以確認土壤的高度。

3 將育苗缽稍微傾倒，取下幼苗，放置於土壤上方。將幼苗硬拔下來會傷及植物根部，請以手指夾住株根，慢慢取下幼苗。

4 慢慢填入土壤，讓土壤覆蓋住植物株根。

定植的重點

- **不要弄散根缽的土壤**
  定植幼苗時，請勿弄散附著於根部的土壤（根缽）。但當幼苗的根長出根缽時，請先鬆動一下根缽的土壤，再進行定植作業。

- **調低定植的位置，以利後續加土、追肥作業**
  需加土培育的蔬菜如：馬鈴薯，及培育時需數度追肥的蔬菜如：小黃瓜和茄子，因培育過程中需隨時填入土壤，定植時先將位置調低。

5 以手指按壓株根，去除株根周圍的土壤（根缽）和新填入的培養土間的空隙。

6 以澆水壺大量澆入水分，至水從底部流出。慢慢補充水分，讓水分均勻地浸入土壤中。

7 定植兩天內，植株仍處於不穩定的狀態，請放置於半日陰處培育。之後，配合該蔬菜所需的培育環境，移至適當場所。

🌱 種出美味蔬菜，先從選幼苗＆種子開始

如何挑擇種子

檢查種子的包裝外袋

種子包裝袋背面記載蔬菜的特徵和栽培方式，播種和收穫會依品種和栽培場所而有所改變，購入前請務必確認該種子的栽種期。

請確認！

❶ 蔬菜特徵＆品種

記載蔬菜的基本資訊，包含品種、原產地、屬名，及形狀大小、風味口感和料理方式等。

❷ 栽培重點

蔬菜的培育順序，及每個地區大致的播種、收成的時期。

❸ 發芽率・有效期間

請務必確認種子的發芽率和有效期間。部分廠商會標示「採收之年月日」，一般種子的有效時間為一年，請選擇有效期較長的品種。

選苗方式

如何挑選優質幼苗

幼苗好壞，左右蔬菜生長的情況。為使培育過程更加順利，學習如何選擇優質的幼苗吧！

優質幼苗的特徵

☑ 葉子色深，表面平整。

☑ 節間（葉間距離）相近，距離均一。

☑ 留下雙子葉。

☑ 莖粗、筆直。

☑ 根部無突出盆底洞。

☑ **葉上無蟲蛀的痕跡，葉況良好。**

☑ **無蟲害。**

☑ **無黃葉。**

🌱 育苗缽播種

不易培育的蔬菜如：番茄、小黃瓜、豌豆等，可先以易管理的育苗缽進行培育，待幼苗長至一定大小，再定植於盆器中。如無育苗缽，也可以一小盆子替代。種子的大小和種類不同，播種數量和留下的株數也會改變。（培育順序與豌豆相同）

1
播種的前一晚或播種前2至3小時，將種子浸水。

2
將培養土填入塑膠盆內，以手指於土壤表面戳出幾個小洞。

3
於每一個洞中放入一粒種子。

4
以土輕掩種子，輕壓土壤表面，去除土壤與種子間空隙。

5
以噴霧器均勻灑水，至水從育苗缽底部流出。

> 本葉長出5至6片時，再移至盆器內。

※部分品種種子不宜碰水，或經過藥品加工處理，請事先確認種子外袋上標示。

澆水

依植物品種和時間點，補充適當的水分

澆水為種菜每日必備工作。盆器培育所使用的土壤量比田地少，土壤較容易乾燥，需補充水分；過多水分，也會造成植物根部腐壞，請衡量土壤狀態和蔬菜的品種再施加水分。

播種後
慢慢施加水分，避免將種子沖走。

播種後，體積較小的種子容易被沖走或被翻轉，請以噴霧器慢慢噴灑水分。如種子的體積較大，可使用附蓮蓬頭的澆水壺，大量澆水，至水分從盆底流出。

定植後
注意勿破壞根缽

以株根為中心，以澆水壺緩慢地加入水分，如果水勢過強，根部附著的土壤（根缽）會遭到損壞，請務必注意。大量澆水至水分從盆底流出。

平日的澆水工作
土壤表面乾燥時，即需大量澆水，直到水分從盆底流出。

澆水的重點

- 土壤表面呈色白乾枯時，即需施加水分。
- 加入大量水分，至水從盆底流出。
- 夏天在早上10點前，於氣溫上升前澆水。
- 氣溫過高的酷暑，於早、晚各澆水一次。
- 冬天要在氣溫上升後再澆水。
- 記得將底盤的水倒掉。

◎有些品種培育時需水量較少，如：迷你番茄，因此水量需依蔬菜品種調整。

澆水的訣竅

澆水這個動作，不僅可為蔬菜補充水分，在水分通過盆器之際，也順道注入新的空氣，使根部呼吸，並吸收養分，促進生長。如果澆水時只將土壤表面打濕，營養只會儲存於根部上方，並無法茁壯根部，導致枝葉瘦弱無力；澆水時，土壤中的二氧化碳與有害物質也可一併排出。因此，如果想培育出健康的蔬菜，千萬要重視澆水這個步驟喔！

如果沒有適度澆水……

- 根部無法茁壯，造就瘦弱的枝葉。
- 土中殘留有害物質，無法順利生長。
- 根部腐爛，植株枯萎。

ㄨ…

間拔

反覆進行間拔，培養健康的枝葉

適度間拔，可拉寬枝葉間的距離，改善通風狀況，抑制病蟲害滋生。混合嫩葉等葉菜類蔬菜，間拔取下的葉子也可食用，可一邊進行間拔一邊採收。

第一次間拔

發芽的雙子葉開始生長後，葉子會互相摩擦碰撞，葉間變得繁密。

哪一個是該間拔掉的芽？

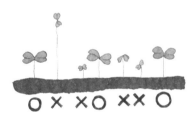

當與隔壁的芽間隔過窄、雙子葉枯萎、枝葉瘦弱的芽需拔除，為使芽間的距離固定。

當枝芽尚小時，可使用鑷子連根拔除。如果芽生長過密，為避免拔芽時牽扯到其他完好的枝芽，間拔時可使用剪刀從根部剪斷。

枝芽間空出一定間隔後，為避免枝葉不穩定，以培土穩定植株成長。

※培土：植物生長期間，將植物旁的土壤疏鬆，並將此土壤覆蓋於植物根部旁稱作培土。

第二次間拔

葉子長大一圈，葉間再度碰撞時，需進行第二次間拔。

為留下健康的枝葉，可以剪刀從根部剪下枝葉，或以手指拔下枝葉，使枝葉間有一定間隔。每種蔬菜需間拔的次數不盡相同，間拔取下的葉子也可食用。

點播時

當雙子葉長出後，間拔掉成長遲緩，萎靡不振的枝葉。間拔的程序需分一至兩次進行，一個地方只需留下一株枝葉。

條播時

當一整列的枝葉發芽後，需進行間拔讓枝葉間保有一定空間。枝芽拔除後，即進行培土。成列種植有利於間拔和培土作業。

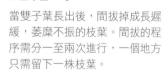

追肥

補足營養，
促進生長。

培育健康的枝葉，可提高蔬菜的收成量，追肥作業是不可或缺的。
以適當的方式，補充成長途中不足的營養。

＊間拔後，第一朵花開花及結果時需施行追肥，使用逐漸融解的（有機）粒肥。
　肥料用量依盆器大小和肥料種類而異，請參考肥料外包裝上所記載的份量。

條播時

1

為了讓枝葉列間的距離均等，撒上肥料後，
盡可能讓肥料融於泥土之中。

大粒的肥料

使用比顆粒狀還要大顆的肥料
時，需事先準備好適當的份
量，在土壤表面挖出淺洞，放
入肥料後蓋上土壤。

點播・散播時

1

將肥料散撒至株根周圍，請勿碰到葉部
和根部。預備小鏟子，整頓周圍土壤。

2

如果土面下沉，植物根部露出表面時，
則需在植物上方添加土壤，並以手壓住
葉子，避免土壤附著於葉面上。

3

最後大量施加水分，讓肥料的營養能融
入土壤中。

枝葉瘦弱時，宜施加液肥

以水稀釋使用的液狀肥料稱作液肥。
相較固體肥料，液肥具立即效用，當
植物枝瘦葉萎時，以澆水壺和水壺加
入液肥，拯救萎糜不振的枝葉。用於
培育時間短，可多次收成的葉菜類的
蔬菜上，效果顯著。

追肥時的注意事項

❶ 固體肥料需散在株根周圍。
❷ 不要施加過多的肥料。
❸ 葉菜類蔬菜需使用含氮量較多的肥
　料，果菜類蔬菜則需使用含磷鉀量
　較高的肥料。
❹ 結果類蔬菜需一週至十天追肥一
　次。

收成

趁新鮮&美味及早收成

用心栽培的蔬菜終於可以收成了。收成方式多種，
可以手指摘取外葉、或將植物整株拔起等，
需抓緊蔬菜美味時機，及時收成。

採收葉子

採收外葉

諸如混合嫩葉和長葉萵苣等植物，收成時請直接摘下外葉。當內葉成長為外葉時，即可再次收成。

摘除株莖前端

收成羅勒和紫蘇等蔬菜之際，以剪刀剪下枝葉前端，如此可刺激側芽生長，提高收成量。

整株採收

整株剪下

收成菠菜和油菜等蔬菜時，待枝葉茁莊後，即可以剪刀將枝葉從根部剪下。如果四周無其他植株，不會傷及株根，才可將整株連根拔起。

整株拔起

收成紅蘿蔔和馬鈴薯等根莖類蔬菜時，需連根收成。採收時請輕壓植株根部，慢慢拔出植株，避免傷及株根。

收成果實

切斷果實根部

當收成小黃瓜、番茄、青椒等帶子的蔬菜時，以清潔的剪刀從根部剪下果實。為避免細菌從切口侵入，請選擇晴天時進行收成。

收成的最佳時機

❶ 早上氣溫上升前。
❷ 為避免細菌從切口侵入，選擇晴天時進行收成作業。
❸ 錯過收成期，會發生裂果，葉子硬化等狀況，請抓緊收成時機。

小番茄、小黃瓜、青椒等蔬菜在成長過程中，
需進行豎立支架、牽引、摘側芽等步驟。
為增加果實收成量，也會施行「人工授粉」。

豎立支架

植株高度較高的植物，在結果之際，重心易傾斜，因此需在枝葉旁豎立輔助支架，並將麻繩以8字結的方式將植物的莖部和支架固定在一起。有些蔬菜則在根株尚小時即需豎立支架。

牽引

將成長中的莖和枝葉和藤蔓纏在一起，藉以調整形狀，這個步驟稱為牽引。牽引時需將支架彎成拱門的形狀，可有效降低植株的高度；小黃瓜和豌豆等藤蔓蔬菜，也可架網以誘導植株的生長路線。

摘心

剪除枝葉前端，抑制植物生長，讓養分集中供應其他枝芽，此步驟稱為摘心。當番茄和小黃瓜等蔬菜的植物高度超過支架時，就必需進行摘芯作業，把營養集中至葉子和果實部分。果菜類蔬菜以外，欲增加葉子數量時也可進行摘芯工作。

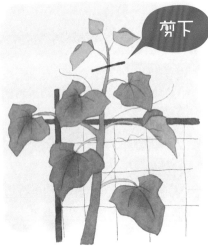

剪下

摘側芽

剪下

摘除枝葉根部多餘的側芽的動作稱為摘側芽。適度摘除側芽，可讓果實吸收大量營養，也可改善通風狀況，預防病蟲害。

人工授粉

在田野中多是由蜜蜂進行授粉工作，陽台栽培時則可以手指或棉棒將花粉沾至雌芯上，並輕搖根株，進行人工授粉作業。

即使忙碌
也能
輕鬆種菜！

簡單&
速成的蔬菜

想要嘗試種菜，卻苦無時間的你，

適合種植過程輕鬆且快速收成的蔬菜。

只要將每種蔬菜的播種時期拉開至一至二週，

即可隨時享用新鮮蔬菜。

綜合嫩葉

快速收成
收成期長
輕鬆培育

採收營養豐富的嫩葉

菊科和油菜科等葉菜類蔬菜的嫩葉，需趁小收成；播種後約三週後即可收成；只要使用小盆器，即可輕鬆培育出來。

蔬菜DATA

〔複數品種〕

發芽溫度 約20℃	**主要病蟲害** 油蟲、青蟲

放置場所 發芽前放置於稍亮的日陰處
發芽後放置於日照充足的場所

盆器標準	栽種所需空間	單個盆器的收成量
※容量標準請參閱P.6		

 小

 高30cm 寬20cm

 約200g～

栽種時間表

	1	2	3	4	5	6	7	8	9	10	11	12
播種			←→						←→			
收成				←→						←→		

 1

● 大量播種，提高植株間的緊密度。

於盆底洞鋪入盆底網，放入高2至3cm盆底石，再加入培養土至6分滿，加水至水從底部流出後，再加入培養土至8分滿的位置。

播種 1

選擇大小適中的紙對摺，將種子放於凹槽處，平均撒至土壤表面，種子重疊處，需以手指或鑷子進行微調。

播種 2

將土壤以篩子過篩於種子上撒一層薄土，再以木板輕壓土壤表面，去除土壤和種子間的空隙，再以噴霧器將土壤表面打濕。

播種 3

Point

菊苣和芝麻菜等蔬菜屬於遇光就會發芽的「好光性種子」，如果混合種子中有此類品種，覆土量則不宜太厚。

② 澆水

● 一天兩次以噴霧器補充水分

播種後放置於稍亮的日陰處。一天早晚兩次以噴霧器大量補充水分。

Point

氣溫偏低的時，宜以透明塑膠袋罩於盆器上方，進行保溫。

③ 間拔

● 拔除株間枝芽，拉開株間的距離

播種後一週至十天左右，就會冒出各種形狀的枝芽。發芽後，需將盆器移至日照充足場所。

間拔 1

間拔 2

葉間互相碰觸時，宜以剪刀修剪生長擁擠的部分。舉凡瘦弱的枝芽、枯萎的葉子、和鄰葉相碰觸的葉子等，皆間拔去除。請注意不要拔除同種的枝芽。

Point

如果散播的種子距離較近，間拔中將芽連根拔起時，會連帶拔除其他健康的枝芽，此時需使用剪刀從根部剪下。

④ 培土

● 於根部進行培土，增加植株的穩定性

枝芽幼小不安定時，可以小鏟子於根部加土後輕壓，來穩定根部。之後每隔十天於植株周圍撒肥料進行追肥。

⑤ 收成

● 進行間拔・同時收成

植物長至7至10cm時，即可開始進入間拔和收成的步驟。生長較繁密的部分，需將下葉以剪刀從根部剪下。葉間過於繁密、通風不佳時，會滋生病蟲害。需定期間拔，按時收成。

收成 1

播種約一個月後，枝葉生長繁密，在葉子變硬之前，盡早進行收成。

收成 2

Point

收成時宜從外側的葉子開始收成，之後待內側的新葉長出後再次享受收成的喜悅。

即使忙碌也能輕鬆種菜！

油菜

半日陰也可培育的草根性蔬菜

鮮綠色的油菜。葉形大而柔軟，間拔收成的葉子可生吃。
半把油菜的含鈣量即相當於一整瓶的牛奶，營養相當豐富。

蔬菜DATA

〔十字花科〕

發芽溫度	約20℃至30℃
主要病蟲害	油蟲
放置場所	通風良好、稍亮的日陰處

盆器標準 ※容量標準請參閱P.6	栽種所需空間	單個盆器的收成量
中	高50cm 寬30cm	約20株

栽種時間表

	1	2	3	4	5	6	7	8	9	10	11	12
播種				←→				←→				
收成					←→				←→			

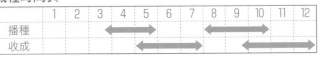

1 播種

● 提高播種量

播種 1

於盆器的盆底洞鋪入盆底網，放入高2至3cm盆底石，加入培養土至6分滿，加水至水從底部流出後，再填入培養土至8分滿的位置。

種子準備多一些，以點播的方式均勻地撒至土壤表面，種子重疊的部分，請以手指或鑷子調整位置。

播種 2

播種 3

將土壤以篩子過篩於種子上撒一層薄土，再以木板輕壓土壤表面，去除土壤和種子間的空隙，再以噴霧器將土壤表面打濕。

② 澆水

● 發芽前一天澆水兩次

發芽前需早晚使用噴霧器補充大量的水分，一天兩次。土壤乾燥時會致使枝芽參差不齊，請特別注意。

③ 間拔

● 雙子葉長出後開始間拔

 間拔 1

播種後一週後即會開始發芽，開始發芽後即可將盆器移至日光充足的場所。

間拔 2

枝芽長齊，本葉長出1至2片後，即可間拔。拔除瘦弱的枝芽和枯萎的枝葉，使株間距離保持3cm。

Point

第一次間拔後,待本葉長出4至5片時再進行第二次間拔。株間的距離為5cm至6cm,株根不穩時即需培土。第二次間拔下來的葉子可料理為沙拉食用。

④ 培土

● 間拔後記得要追肥

第二次間拔後需進行追肥。追肥時需將肥料撒在株根周圍，勿將肥料撒在葉上，追肥後將肥料混入土壤中。

Point

當有瘦弱的枝芽時，建議可施以具即效性的液肥。

即使忙碌也能輕鬆種菜！

⑤ 收成

● 葉子茁壯成長

播種後一個月至一個半月，待株根隆起，植株高度長至25至30cm時，即為收成期。抓住株根，慢慢地拔出。如以剪刀剪下外側的枝葉，則可享受多次收成的喜悅。

Check
建議初學者於秋天播種

氣溫升高時，即易滋生油蟲；發現油蟲時可以水將它沖掉或以稍粘的膠帶將之黏起。秋播則較不會有病蟲害的問題，建議初學者避開盛夏與寒冬，再播種。

水菜

快速收成　培育輕鬆
收成期長　耐寒性強

隨時都可收成！沙拉和火鍋中的熟面孔

口感香脆的京都產蔬菜，全年皆可收成，栽培期間短
即可收成，適合推薦給初次種植的你。

栽培重點 ○○○○○○○○○○○○○

- 以條播播種，每條淺溝間隔1至2cm。發芽後，隨時間拔，不要讓葉子互相碰觸。兩週後，請讓株間距離保持在3cm。之後請定期施行間拔，拉開株間的距離。
- 從第二次間拔後需開始追肥，之後每次間拔後都要追肥。
- 播種一個月後，待植株長至20cm左右時，以剪刀從根部剪下，進行收成。
- 切下外葉，逐量收成，慢慢培育植株。
- 將播種期錯開，全年皆可收成。

蔬菜DATA

〔十字花科〕

發芽溫度　約15℃至20℃　　主要病蟲害　油蟲、青蟲

放置場所　通風良好、稍亮的日陰處

盆器標準
※容量標準請參閱P.6

栽種所需空間
高50cm
寬30cm

單個盆器的收成量
4株

中

栽種時間表

	1	2	3	4	5	6	7	8	9	10	11	12
播種			←							→		
收成				←						→		

芝麻菜

快速收成　培育輕鬆
收成期長　耐暑性強

風味似芝麻 & 人氣香草蔬菜

風味類似芝麻，帶點些微辣味，可加入沙拉提味。
富含鐵質、鈣質、維他命C。

栽培重點 ○○○○○○○○○○○○○

- 以撒播的方式將種子撒至盆器中，枝芽長齊時，需進行間拔，使葉子不互相碰觸。
- 本葉長至5至6片時，再進行第二次間拔。
- 第二次間拔摘下的葉子苦味較少，容易入口。
- 開花後葉子會變硬，因此花芽冒出後請盡快摘除。
- 具有花和芝麻的風味，可加入沙拉中食用。

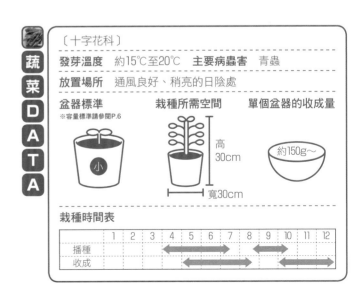

蔬菜DATA

〔十字花科〕

發芽溫度　約15℃至20℃　　主要病蟲害　青蟲

放置場所　通風良好、稍亮的日陰處

盆器標準
※容量標準請參閱P.6

栽種所需空間
高30cm
寬30cm

單個盆器的收成量
約150g～

小

栽種時間表

	1	2	3	4	5	6	7	8	9	10	11	12
播種				←	→				←	→		
收成					←	→				←	→	

Vegetable Recipe

綜合嫩葉的 🍴 吐司＆沙拉

沒時間吃早餐和早午餐時，吃個沙拉搭配湯和果菜汁，補足你一日所需營養！

材料

綜合嫩葉 ·············· 80g	油漬沙丁魚 ·············· 1罐
長葉萵苣 ·············· 10g	橄欖油 ·············· 1小匙
法國麵包	●醬汁●
（切為小方塊狀） ······· 60g	橄欖油 ·············· 20ml
大蒜 ·············· 半片	醋 ·············· 25ml
小番茄（黃色和紅色，切半後	鹽 ·············· 1/4小匙
將種子挖出） ········ 各5顆	砂糖 ·············· 1/2小匙
洋蔥（切成薄片）····· 1/2個	

作法

1. 將大蒜塗在法國麵包上，淋上橄欖油，放入烤箱烤。
2. 在洋蔥上撒上一把鹽（分量外），輕揉過水。
   將上述醬汁材料，混合攪拌均勻製作醬汁。瀝乾洋蔥的水分後，
3. 將醬汁與麵包、洋蔥、綜合嫩葉、小番茄、油漬沙丁魚充分攪拌即完成。

油菜濃湯 🍴

綠色的油菜作成的清爽蔬菜濃湯，除去了油菜原有的苦澀，推薦給討厭蔬菜的孩童食用最適合了。

材料

油菜（只取葉子）······· 2株	鹽 ·············· 適量
馬鈴薯泥 ·············· 一小個	胡椒 ·············· 適量
洋蔥（薄片）········· 1/4個	●醬汁●
奶油 ·············· 1大匙	水 ·············· 100cc
生奶油 ·············· 100ml	月桂葉 ·············· 1片
（最後加入一大匙）	濃湯固狀湯塊 ········ 2.5小匙
牛奶 ·············· 200ml	
水 ·············· 50cc	

作法

1. 將油菜切成適當的大小，加入少量的鹽（分量外），以熱水汆燙後，再放入冷水中。將油菜和水放入攪拌器中，攪成濃稠狀。
2. 加入少量的橄欖油（分量外），以平底鍋拌炒洋蔥，待洋蔥轉為黃褐色後即可起鍋。
3. 將濃湯的材料和油菜汁、洋蔥、馬鈴薯泥放入鍋內，小火加熱。
4. 以小火燉10分鐘，加入生奶油、牛奶、奶油充分攪拌，最後再以鹽和胡椒調味。
5. 盛入盆器內，最後加入一大匙鮮奶油即完成。

即使忙碌也能輕鬆種菜！

蔬菜鑑定師 Advice

沙拉中放入口感柔軟且營養滿分的嫩葉及嫩萵苣，加入吐司增加飽足感，可作正餐食用。

蔬菜鑑定師 Advice

油菜含鈣量高，加入牛奶製成湯品，可補充易流失的鈣質。
本食譜以馬鈴薯泥取代麵粉，增加湯品的濃度，健康滿分。

櫻桃蘿蔔

一個月培育期的迷你小蘿蔔

又稱為二十日蘿蔔,培育期為一個月。一只小盆器即可栽種,簡單又方便。依根部形狀和顏色不同,又分為幾個品種。請挑選個人喜愛的品種來栽種吧!

🥬蔬菜DATA

〔十字花科〕

發芽溫度 約15℃至25℃

主要病蟲害 油蟲、青蟲

放置場所 通風良好、日照良好的場所

盆器標準	栽種所需空間	單個盆器的收成量
※容量標準請參閱P.6		

小~中

高30cm
寬30cm

10個~

栽種時間表

	1	2	3	4	5	6	7	8	9	10	11	12
播種			←→						←→			
收成				←→						←→		

---

① 播種

● 蕪櫻桃蘿蔔易發芽,播種數量不宜太多

播種 1

於盆器的盆底洞鋪入盆底網,放入高2至3cm盆底石,加入培養至6分滿,加水至水從底部流出後,再填入培養土至8分滿的位置。

播種 2

以條播或撒播方式,將種子均勻地散於土壤表面,注意不要讓種子疊在一起。

播種 3

以小鏟子輕覆土壤,以手掌輕壓土面,去除土壤和種子間空隙。以噴霧器將土壤表面打濕,並蓋上一張紙,防止表面乾燥。

② 間拔

● 3至4天後發芽

間拔 1

播種3至4天後,就會發出心型的芽。發芽後即將覆蓋的紙取下,移動至日照充足場所。待雙子葉間繁密後,進行第一次間拔,讓葉間不會碰觸。

間拔 2

本葉長至2至3片後,再進行第二次間拔。讓相鄰的兩葉間不會碰觸,每一株葉間留下一定的間隔。

間拔 3

間拔下的葉和白蘿蔔芽的味道相同,適合加入沙拉和湯品中,作為提味。間拔後請於根部進行培土,安定株根。土量不足時,可適時加土;株部生長時,葉部碰觸時,再次進行間拔,調整葉間距離。

③ 追肥

● 觀察葉子的狀態‧陸續施肥

間拔後,待本葉長至3至4片時於株部周圍施肥,使肥料融於土壤中。之後當葉部枯萎、莖部瘦弱時,再定期施肥即可。

Check

氣溫上升時,易滋生油蟲害

氣溫升高,易滋生油蟲。這時可以水沖洗或以弱黏性膠帶來去除蟲害。土壤乾燥時也會滋生油蟲,請適時給予適當水分。

④ 收成

● 根部冒出時,即可收成

根部直徑長至3cm,冒出地面時,即可收成。抓緊根部,連根拔起。如果延遲收成,會導致根部破裂、變硬。

即使忙碌也能輕鬆種菜!

馬鈴薯

小小種子繁衍出大塊頭馬鈴薯

在採收前，無法得知馬鈴薯的形貌，一切只有待收成時謎底揭曉。馬鈴薯的品種眾多，不妨挑選無法在一般超市購入的品種培育。

蔬菜DATA

〔茄子科〕

發芽溫度 約17℃至25℃	主要病蟲害 油蟲
放置場所	通風良好、日照充足的場所

盆器標準 ※容量標準請參閱P.6	栽種所需空間	單個盆器的收成量
深	高50cm 寬80cm	約1kg

栽種時間表

	1	2	3	4	5	6	7	8	9	10	11	12
播種		⟷						⟷				
收成						⟷						⟷

1 定植

● 定植前先裝入一半的土壤

定植1

預備一個枝芽茂盛的馬鈴薯，切成塊狀，每一塊留下2至4株芽。如馬鈴薯小於30g，則無需切塊，直接使用即可。

Point

先至種苗店或園藝店購入健康的馬鈴薯，作為種苗。一般超市販賣的馬鈴薯有染病的可能性，不宜作為種苗使用。

定植2

馬鈴薯成長時需陸續添加土壤，在定植階段時不需加入太多土壤。於盆器底部放上適當大小的盆底網，放入高2至3cm盆底石，最後加入培養土至一半的位置。

定植3

為防止馬鈴薯腐壞，於塊莖切口沾上草木灰後，將切口朝下，放於土壤上。再覆蓋上8至10cm的土壤，以手掌輕壓土面，去除種子和土壤間縫隙。

澆水

● 定植後勤澆水

定植後需勤澆水，加水至從盆器底部流出。定植後至發芽期間，需經常補充水分，但過多的水分也會導致種苗腐爛，請多留心。

摘側芽

● 留下健康的枝芽

定植兩週後會開始發芽，進入第5至6週後，會長出5至6株芽，留下1至2株健康的枝芽，其餘摘除。以手指夾住枝芽，壓住株根，扭轉摘下枝芽。

Point

讓多數的枝芽同時生長，會瓜分葉和莖部的養分，使作物生長遲緩。為了得到壯碩的果實，請確實作好摘芽工作。

追肥‧加土

● 收成前需細心修整

間拔後，請於株根周圍撒上肥料，再填入約10cm的新土壤，至下葉被掩埋的程度。

Point

馬鈴薯接觸日光後會轉為綠色，變色後會釋放出一種稱為龍葵鹼的毒素，因此當馬鈴薯露出土壤表面時，需立即覆土，避免作物接觸陽光。

追肥‧加土（第二次）

● 花開後，進行追肥以補充養分

追肥‧加土1

定植兩個月後，就會開始開花。開花後，請立即於株根周圍施肥。

追肥‧加土2

追肥後，加入新土壤。將土加至盆器約九分滿處，讓馬鈴薯生長得更加壯碩。

Point

開花後，請注意控制水分多寡。如果給予太多水分，易導致作物腐爛。

收成

● 當葉子枯萎‧即可收成

收成1

葉和莖部轉黃枯萎時，即代表養分皆已至根部，此時就可以開始收成根部的馬鈴薯。

收成2

抓住株根，用力拔出作物，並將附著作物上的土壤清理乾淨。記得將收成的馬鈴薯陰乾後，收藏至陰暗處。

Point

建議於晴天進行收成。雨天或下雨後作物易腐壞，不宜收成。

長葉萵苣

快速收成
收成期長
輕鬆培育

現採的萵苣具有清脆水嫩的口感

長葉形的萵苣比球狀萵苣易培育，從外側葉摘下，可多次收成。有綠色和紅色兩品種，穿插搭配，也可為盆器華麗度加分喔！

🌱蔬菜DATA

〔菊科〕

發芽溫度　約15℃至22℃	主要病蟲害　油蟲

放置場所　通風良好、日照充足的場所

盆器標準	栽種所需空間	單個盆器的收成量
※容量標準請參閱P.6中		
中	高40cm 寬30cm	約600g

栽種時間表

	1	2	3	4	5	6	7	8	9	10	11	12
播種		←	→	→				←	→			
定植			←	→	→				←	→		
收成					←	→	→			←	→	

① 播種

● 本葉長出後，移至小盆器中

播種1

預備直徑5cm小盆器，在盆底洞鋪入盆底網，放入高2cm盆底石，加入培養土至8分滿的位置。

Point

播種時，可使用育苗缽。另建議使用經特殊調配的播種專用土（泥炭土），可使根部容易伸展，也適合初學者使用。

播種2

以噴霧器打濕土壤，點播4至5粒種子，請注意不要讓種子重疊在一起。

播種3

萵苣遇光易發芽，屬好光性種子，覆土量不宜太厚。以手掌輕壓土壤表面，去除土壤和種子間空隙後，再以噴霧器補充水分。

② 間拔

● 一個盆器僅留下兩株枝芽

間拔 1

發芽前，一天中需以噴霧器補充兩次水分。約一週至十天左右就會長出小的雙子葉。

間拔 2

長出1至2片子葉，鄰近的葉子互相碰觸時，即需實行間拔。留下2株健康的枝芽，其餘以鑷子拔除。

③ 追肥

本葉長至3至4片時，需進行第二次間拔，留下1株健康的枝芽。於株根部加土，穩定植株後，加入以水稀釋的液肥或固態肥料。

Point

第二次間拔摘下的枝芽，可作為其他盆器的種苗。

④ 定植

● 移植至大盆器內

於盆器的盆底洞鋪入盆底網，放入高2至3cm盆底石後，加入與苗齊高的培養土；澆入大量水分，至水從底部流水；最後再於土壤表面挖洞植苗。

定植 1

Point

購入育苗缽進行定植時，請從此步驟開始。定植前先讓土壤吸收大量水分。

注意不要傷到長出的根部，以小鏟子鬆動植株周圍的土壤，取出株苗。使用育苗缽育苗，取苗時勿傷及根缽。

勿傷及根部！

定植 2

定植 3

將取出的苗放入盆器裡土壤表面的洞內，覆土輕蓋植株根部，再以指尖輕壓。完成後以澆水壺補充水分，至水分從底部流出。

追肥 請見次頁 ➜

⑤ 追肥

● 葉子長大・開始追肥

定植後2天內，需放置於半日陰處培育；待植株後，再移至日照充足的場所；定植2週後，會漸漸長出葉子，再於株根周圍施肥，注意葉間勿互相碰觸。

⑥ 收成

● 將外側大片的葉子收成

植株外葉長至直徑20cm後，即可摘除。單株一次收成葉約為3至4片；收成後需定期追肥，促進內葉生長，即可多次收成。

✿Check
採用直播的方式，收成嫩葉！

將種子散播於盆器內，即可如綜合嫩葉（請參閱P.20）一邊間拔一邊收成嫩葉。使用數個品種混合的種子，即可培育形形色色的嫩葉，外觀色彩繽紛。

與油菜相同的培育方式

羅美生菜

- 快速收成
- 耐暑性強
- 培育輕鬆

燒烤必備的長葉萵苣

清脆、水嫩的口感，長葉萵苣的一種。一年四季除嚴冬外皆可培育，生長速度快，夏天時需多次收成，避免葉子容易變硬。

栽培重點 ○○○○○○○○○○○

- 於小盆器中撒上4至5粒種子，反覆間拔，最終留下一株植株。本葉長至4至5片時，移植至大盆器中。
- 幾乎不用施肥，當植物過於虛弱時，可使用具有即效性的液肥。
- 葉子長至手掌大小時，即可開始收成外葉。
- 開花後，葉子會變硬，當花蕾形成時應立即摘除。

蔬菜 DATA

〔菊科〕

發芽溫度　約15℃至20℃　　**主要病蟲害**　青蟲

放置場所　通風良好、稍亮的日陰處

盆器標準 ※容量標準請參閱P.6	栽種所需空間	單個盆器的收成量
小至中	高30cm 寬30cm	約500g～

栽種時間表

	1	2	3	4	5	6	7	8	9	10	11	12
播種		←→								←→		
收成				←→						←→		

菊苣

獨特的苦澀‧瞬間成癮

為歐洲原產蔬菜，別名Autibes。讓你同時享受清脆的口感和獨特的苦味，可入菜，加入沙拉或前菜中，也可烹調享用。

栽培重點 ○○○○○○○○○○○

● 移植至盆器後，約兩個月時連根拔起，放置晾乾幾天後，再垂直種植於較深的盆器中，加入約20cm的土。外面套上一層塑膠袋，讓溫度保持在15℃至20℃左右。
● 菊苣有好幾種品種，建議初學者從不結球的品種種起。
● 不結球的品種，發芽率較低，需大量播種。

※與台灣的菊苣不同。台灣稱為苦菊，因其清熱解毒、護目，又稱明目萵苣，不結球，葉子為綠色。

蔬菜DATA

〔菊科〕

發芽溫度	約15℃至20℃	主要病蟲害	幾乎沒有
放置場所	株根定植後，放置於陰暗的場所		

盆器標準
※容量標準請參閱P.6

栽種所需空間
高30cm
寬20cm

單個盆器的收成量
約500g～

栽種時間表

	1	2	3	4	5	6	7	8	9	10	11	12
播種									←（僅9月上旬）			
收成			←→									

菊苣 🍴 酪梨醬

水嫩微苦的菊苣葉配上濃厚的酪梨醬滋味獨特，此道食譜宜選用成熟的酪梨來製作。

材料

菊苣	1個	洋蔥（切細絲過水）	1大匙
酪梨	1/2個	火腿（切細絲）	1大匙
檸檬汁	2大匙	小蕃絲（切細絲）	5個
生奶油	1大匙	胡椒	適量
美乃滋	1大匙		

作法

1. 將菊苣葉一片一片剝下，以水沖洗後瀝乾。
2. 將酪梨皮剝下，取出果肉，搗碎；加上檸檬汁、生奶油、美乃滋、洋蔥、火腿、小蕃茄，充分攪拌後，以胡椒調味。
3. 將菊苣葉擺盤於盤中，加上酪梨醬即完成。

蔬菜鑑定師 Advice

酪梨醬最適合搭配各類下酒菜。酪梨具有防止老化功能，再配上食物纖維豐富的菊苣一同食用，抗老效果一級棒。

零農藥菜園

既然是自製蔬菜，不使用殺蟲劑和農藥當然是最理想不過。確保栽培環境日照充足、通風良好，是防治蟲害最有效的方式；但在有限的陽台空間裡，卻很難實現這些條件。因此，本章將教各位使用安全的食材，製作無毒的防蟲劑；當病蟲害產生時，盡早處置，將傷害減至最低，即可享受零農藥栽培的樂趣喔！

自製防蟲劑

想要防治害蟲，事前的預防遠勝於事後的補救。建議將稀釋辣椒菁華液，放置於噴霧器內，噴灑於蔬菜上，驅散害蟲一級棒。

抗菌・防蟲效果高

辣椒精華液

材料

辣椒：10至15根
燒酒（或米酒）：200cc
月桂葉：3至4片

作法

將辣椒以剪刀剪碎。如果以手碰觸辣椒，辣味的成分會附著在手上，會有刺痛的感覺，敬請注意。

①

③

將澆酒倒入容器中，放置一週後，辣椒中的辣味成分即會釋出，將澆酒染紅。使用時，將菁華液以水稀釋20倍，放入噴霧器內使用。

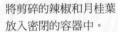

②

將剪碎的辣椒和月桂葉放入密閉的容器中。

Point

以醋取代酒，散布於土壤上，也可去除土中的害蟲。由於醋的味道比酒來得刺鼻，不適合用於香草蔬菜上。

擊退擾人の病蟲害

再怎麼棘手的病蟲害，只要及時處置，就可將傷害減至最小。因此想要培育健康的蔬菜，就必需了解每種蔬菜易滋生的病蟲害及防治的方法。

	特徵	防治方法	插圖
油蟲	容易附著於油菜科蔬菜上的害蟲。體長1至2mm，易附著於植物的新芽、葉子、花瓣、果實上吸取汁液。	澆水時仔細觀察葉子的狀況，發現蟲害時立即以水沖洗，或以弱黏性的膠帶去除。	
葉蟎	葉子裡側滋生1mm大小的害蟲，吸取葉子的汁液。被吸取的部分會出現白色的小斑點。容易出現於梅雨季過後。	避免密植，保持通風良好。舉凡高溫、乾燥處皆容易產生葉蟎，請保持空氣中的濕度。	
青蟲	紋白蝶的幼蟲，大小為5mm至2cm，於清晨爬鑽出土壤，大力啃食葉片，容易出現於十字花科的葉片上。	早上澆水時，仔細觀察葉片，找到蟲子後即刻消滅。當紋白蝶飛走後，請確認是否於葉子內側產卵。	
白粉病	葉或莖上出現白色的粉狀斑點，由於通風不良而長出的黴點，特別容易出現在初夏，天氣驟熱之際。	摘除生病的葉子，將盆器移至通風良好的場所。	
柑橘潛葉蟲	潛葉蟲的幼蟲潛入葉子之中後，葉上即會出現許多白色的彎曲線條。易出現於小型的綜合嫩葉乃至於大型的小黃瓜葉片上。	蟲可能位於白線兩端，可用手指抓住蟲端將之消滅。葉子遭侵蝕範圍較廣時，有礙於光合作用，宜盡早清除。	

親子一起來種菜！

收成豐碩&營養滿載の蔬菜

親子一起挑戰種植時，

建議選擇生長速度快、果實量大，成簇結實的蔬菜。

收成量大，成就感也相對提高。

對於自己種出的蔬菜，會有特殊的情感。

就算是平常不愛吃的蔬菜，也能輕易入口，改善孩子的偏食問題！

小番茄

成簇結果
收成期長
耐暑性強

人氣第一的迷你蔬菜

陽台菜園中人氣最高的迷你番茄，收成期一到，接收足夠的日光，就會長出一顆顆鮮紅的果實，作好摘側芽的工作，即可讓你的收成量大幅提高喔！

蔬菜DATA

〔茄科〕

發芽溫度	約20℃至30℃	主要病蟲害	葉蟎

放置場所　通風良好、日光充足處

盆器標準	栽種所需空間	單個盆器的收成量
※容量標準請參閱P.6		

深

高2m
寬50cm

約100個

栽種時間表

	1	2	3	4	5	6	7	8	9	10	11	12
定植					↔							
收成							←			→		

① 定植

● 選苗是重點！

定植1

優質的種苗必附有花蕾，莖粗筆直，葉間距離短而均一。另需確認葉上是否有病蟲害、葉子是否枯黃等等；定植前一晚，或作業前兩小時，將種缽放入水桶浸水，讓根部充分吸收水分。

定植2

於盆器底部放入2至3cm盆底石，上面裝入與種苗高度相同的培養土，再澆入大量水分。以手指固定株根，將育苗缽稍微傾倒，輕取種苗，以避免傷及根缽；將取下的種苗放置於土面上。

於根苗部分覆上薄土，以指尖壓緊株根，去除根缽和土壤間的空隙。定植完成後，澆入大量水分，至水從底部流出。

定植3

Point

定植後兩日內，植株尚未穩定時，宜將盆器放置於半日陰處培育。之後再移至通風良好、日照充足的場所。

② 摘側芽

● 摘側芽，使養分集中於莖部

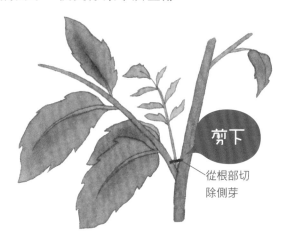

剪下

從根部切
除側芽

側芽為主枝（中心的莖幹）和葉子根部中間延伸出的枝芽。如果放置不管，即會分走主枝的養分，建議一週清除一次。

③ 豎立支架

● 於粗大的植株旁豎立支架

將麻繩
以8字結
固定

定植後2至3週，植物高度長至30至40cm時，應設置支架，支撐植株。支柱的高度為160cm至2m。於株根周圍垂直插入土壤內，並靠近開花的上下節處，將麻繩在支柱與主枝間以8字結固定，請留意不要綁得太緊，以免傷及植株。

④ 開花

● 以人工授粉促進果實形成

開花後，輕搖花朵，以綿棒沾雄蕊的花粉，放至雌蕊上，促進授粉。

Point

田野栽培時，是藉由風吹蟲飛，自然授粉；但陽台栽培時，卻難有這樣的環境，必需採取人工方式促進植物授粉結果。

親子一起來種菜！

⑤ 追肥

● 結果後立即追肥

追肥 1

當花朵枯萎後，綠色的果實成簇結果後，即可開始追肥。

追肥 2

於株根周圍施加固態肥料，並將其混合於土壤中。土壤不足時則立即加土，平均每十天追肥一次。

Check

不可
澆太多水！

想要培育甜番茄時，不需澆太多水分。待土壤表面乾燥時，再加水即可。過多的水分，會阻礙果實形成。

收成 請見次頁 →

⑥ 收成

● 讓果實吸收充足的光線，促進果實成熟

收成 1

當果實漸漸轉紅時，請記得改變盆器的方向，讓青色的果實也能接觸陽光。

收成 2

待果實全部轉為紅色後，以剪刀從根蒂處剪下收成。請留意當果實過熟時，易裂果和掉落。

⑦ 摘芯

● 裁剪主枝末端，促進果實生長

主枝生長至需修整的高度前，可先以剪刀進行「摘芯」的動作。在最後的花簇上留下兩片葉子，其餘剪除。此舉抑制莖部過度生長，使養分集中於果實上。

剪下

番茄栽培の大小事！

煩惱 1 葉子很茂盛，卻結不出果實？

A. 過度澆水，會讓葉子過度生長，吸光所有的養分，難以長出果實。如果果實遲遲無法形成時，建議試著減少施加水分，加入含有磷肥的肥料促進結實。

煩惱 2 果實在成熟前就自動裂果了？

A. 當突然大量澆水，果實一口氣吸收進去時，果實就容易破裂。請施加適量的水分。

煩惱 3 植株長太高，會碰到曬在陽台的衣服。

A. 建議可用一般栽種玫瑰花時使用的套圈當作支柱，讓植株呈螺旋狀纏於尖塔上，即可控制植物的高度。此外，你也可以將一般支柱摺成拱門形，讓植株攀上。

Vegetable Recipe

番茄甜點 🍴

多汁的番茄,配上柳橙,打造出色彩繽紛&華麗的甜點

材料

小番茄(黃色和紅色)···· 12顆　　　水······5大匙
柳丁······················· 2顆　　　（可覆蓋住柳丁和小番茄的分量)
●湯汁●
檸檬汁··················1/2顆
三溫糖··················2大匙
（依個人喜好調整糖分）

作法

1. 將小番茄根蒂處以刀十字劃開,以熱水汆燙後,去除果皮。
2. 柳丁去皮,於果內以刀切成V字型取出果肉,並將剩餘的果肉搾成果汁。
3. 將果汁加熱,在煮沸前熄火。
4. 放涼後,加入番茄和柳丁果肉,冷藏一天半至兩天即完成。

蔬菜鑑定師Advice

豐富維他命的甜點,可有效治療中暑,促進食欲。

動手來栽種 各樣小番茄吧!🍅

迷你番茄

直徑5mm的小番茄,接近原品種,口感偏硬。植株高度低,適合初學者栽種。有紅色、橘色兩品種。

黃番茄

可愛的黃色番茄,酸味少偏甜,皮軟易入口,可當作水果食用。

綠斑馬番茄

帶有清脆的口感、古早味的「青澀」;常使用於義大利麵醬和果汁中,外皮呈獨特綠條紋狀。

親子一起來種菜!

青椒

營養豐富！又可防治害蟲的蔬菜

成簇結果
收成期長
耐暑性強

未成熟的青椒呈綠色，成熟後會轉為紅色，也會變得更加香甜。對於討厭吃青椒的孩子，建議挑選成熟後的青椒料理。

蔬菜DATA

〔茄科〕

發芽溫度 約25℃至30℃

主要病蟲害 油蟲、葉蟎、白粉病

放置場所 日照充足處

盆器標準	栽種所需空間	單個盆器的收成量

※容量標準請參閱P.6

高1.2m
寬50cm

約30～50個

栽種時間表

	1	2	3	4	5	6	7	8	9	10	11	12
定植					←→							
收成						←——————→						

1 定植

● 氣溫上升後即可開始定植

定植1

於盆器底部鋪上適當大小的盆底網，放入高2至3cm盆底石，加入與苗齊高的培養土。最後澆入大量水分，至水分從盆底流出，再於土壤表面挖洞植苗。

Point

在五至六月間（台灣春天三至五月），幼苗會陸續上市，五月中旬地面溫度約22度時為栽種適期，建議選擇在無風溫暖的上午進行定植。

定植2

以手指夾住株根，將育苗缽稍微傾斜，取下幼苗，放置於土壤上。加土於幼苗的株根，輕掩根部，並以指尖輕壓土壤表面，去除根缽和土壤間空隙。定植完成後，澆入大量水分，至水分從底部流出為止。

Point

優質幼苗的條件，莖粗筆直，葉間間距短而均一；葉面平整，無枯黃及病蟲侵蝕的跡象。定植前一晚，或作業前兩小時，將幼苗放入水桶浸水，讓根部充分吸收水分。

定植3

定植後，作物高度長至10cm前，需豎立暫時的支柱。將支架斜靠於株根上，利用麻繩以8字結固定。

② 豎立支柱

● 豎立支柱，固定植株

第一朵花開後，需拆除暫時性支柱，豎立支柱。預備長120cm的支柱，插至株根周圍，設立支柱。以麻繩固定幾處。

以麻繩綁8字結，固定支柱和植株，但請不要綁得太緊。

③ 摘側芽

定植2至3週後，即可以開始摘側芽。開出第一朵花的莖幹為主枝。留下第一朵花下方的兩株側芽，以下的全部摘除。讓植株上只留下主枝幹和兩株側芽。

④ 追肥

● 開始結果時立即追肥

果實形成後即可開始追肥，將肥料撒至株根周圍，並將肥料混於土壤中。當土壤減少時，立即補充新土壤。每個月施行1至2次，定期施肥，至九月為止。

Point

第一顆果實需盡早收成。因七月初（台灣六月）之前植株都還處於成長的階段，當果實形成後需盡早收成，避免營養分散。

⑤ 收成

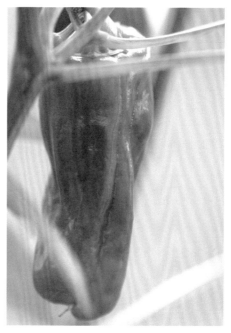

七月中旬前，果實會紛紛形成，進入收成期。當果實轉為鮮綠色後，將可剪下根蒂收成。

Point

只要適時追肥和澆水，秋天前都可收成。日照不佳時，植株會容易落花；因此當太陽高度改變時，可使用棚架或盆器掛鉤改變盆器位置，讓植株能接收到日光照射。

彩椒

成簇結果　收成期長
輕鬆培育　耐暑性強

含維他命的彩椒豐富你的陽台

彩椒比青椒果肉厚實而鮮美，可生吃。彩椒的品種眾多，有如小番茄般的小品種，也有如南瓜的扁狀品種。

栽培重點 ○○○○○○○○○○

- 定植宜選擇莖粗筆直，節間均一的幼苗。
- 果實由綠色轉為其他顏色，待果實轉色完畢後即可收成。
- 肥料不需太多，保持土壤潤澤，施加大量水分。
- 第一顆果實要趁小收成。第一顆果實長太大，會吸取養分使植株相當吃力，導致之後不易結果。

蔬菜DATA

〔茄科〕

發芽溫度　約25℃至30℃　　主要病蟲害　油蟲

放置場所　日照充定的地方

盆器標準
※容量標準請參閱P.6

栽種所需空間　　高1.2cm　寬50cm

單個盆器的收成量　約15~50個

栽種時間表

	1	2	3	4	5	6	7	8	9	10	11	12
定植					←→							
收成							←—→					

綠色辣椒

成簇結果　收成期長
輕鬆培育　耐暑性強

果實形成後，即可陸續收成

由於體積比青椒小，相同盆器收成量是青椒的好幾倍；和彩椒一樣，會由綠色轉成其他顏色。

栽培重點 ○○○○○○○○○○

- 同青椒，培育時留下第一朵花下方的兩株側芽，其餘以下全部摘除。
- 待果實長至5至7cm後，即可收成。收成後需持續追肥。
- 土壤乾燥時，結出的果實辣度會偏高，花朵也容易掉落，炎夏時早晚務必補充水分。
- 一般而言，綠色辣椒分為兩個品種，一種為果實外圍較寬的粗形品種，另一種果實長度達15cm的細長形品種。

蔬菜DATA

〔茄科〕

發芽溫度　約18℃至30℃　　主要病蟲害　油蟲

放置場所　日照充足處

盆器標準
※容量標準請參閱P.6

栽種所需空間　　高60cm　寬50cm

單個盆器的收成量　約50~60個

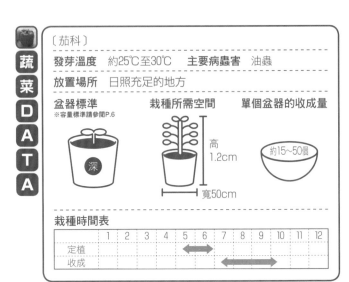

栽種時間表

	1	2	3	4	5	6	7	8	9	10	11	12
定植					←→							
收成						←——————→						

辣椒

可作為調味用，也具防蟲效果

由於辣椒具有防蟲和殺菌效果，培育一盆，即可發揮各式效果。收成後，將作物放於通風良好處風乾後，即可長期保存。

栽培重點 ○○○○○○○○○○○○○

● 抗蟲性強，培育時較不費力，適合初學者栽種。

● 定植後，每天早上都需澆水一次，炎暑則早晚各澆水一次，至水從盆底流出為止。

● 萬願寺辣椒和伏見甘長辣椒等品種辣度偏低，經熱炒和油炸後即可食用。

● 於七月初提早收成時，即可採收到香味清爽的青辣椒。

蔬菜 DATA

〔茄科〕

| 發芽溫度　約20℃至30℃ | 主要病蟲害　油蟲 |

放置場所　日照充足處

盆器標準
※容量標準請參閱P.6

栽種所需空間
高70cm
寬40cm

單個盆器的收成量
約40～50個

栽種時間表

	1	2	3	4	5	6	7	8	9	10	11	12
定植				←→								
收成							←――――→					

🍴 橄欖醃漬彩椒

將彩椒放於冰箱冷藏，可保存兩週的萬用配菜。搭配麵包，或作成三明治都相當美味。

材料（2人份）

彩椒（橘・黃）・中型，各一個
橄欖‥‥‥‥‥‥‥‥‥‥20g
起司‥‥‥‥‥‥‥‥‥‥25g

● 醃漬汁 ●
橄欖油‥‥‥‥‥‥‥‥1/2杯
檸檬汁‥‥‥‥‥‥‥‥2大匙
白酒‥‥‥‥‥‥‥‥‥1/2杯
鹽‥‥‥‥‥‥‥‥‥‥1小匙
胡椒‥‥‥‥‥‥‥‥‥‥適量
三溫糖‥‥‥‥‥‥‥‥2小匙

作法

1. 將彩椒直接以火加熱至外皮焦黑，過冷水剝皮後，切成大小寬2cm。

2. 將醃漬汁混勻放入鍋中燉煮，放涼後淋至彩椒上。

3. 將橄欖和起司切成適口大小後入菜，放置於冰箱內冰鎮半日即完成。

● 蔬菜鑑定師 Advice

胡蘿蔔素、維他命C・E豐富的彩椒配上營養天然的醃漬汁。彩椒果肉厚實甜度高，料理時應盡量減去其酸味，以達到柔順口感。

小黃瓜

成簇結果
耐暑性強

口感脆嫩，是夏天的家常菜

定植至收成只需約2個月，是所有結實蔬菜中成長最為快速的。小黃瓜生長時需要大量水分，培育時務必勤澆水。

🍃蔬菜DATA

〔茄科〕

發芽溫度 約18℃至25℃	**主要病蟲害** 白粉病

放置場所 通風良好、日照充足處

盆器標準
※容量標準請參閱P.6

盆器標準	栽種所需空間	單個盆器的收成量
深	高2m 寬50cm	約30～50個

栽種時間表

	1	2	3	4	5	6	7	8	9	10	11	12
定植				↔								
收成						↔						

1 定植

● 選強韌的幼苗栽種

定植1

準備帶有3至4片葉，且葉面平整，莖粗筆直的幼苗。定植前一晚，或作業前兩小時，將幼苗放入水桶浸水，讓根部充分吸收水分。

Point

小黃瓜如果從種子開始栽培相當費時，一般建議直接購入現成幼苗。約4月中旬時，育苗店和園藝店內就會陸續開始販賣小黃瓜的幼苗。（台灣約提早一個月）。

定植2

於盆器底部鋪入盆底網，放入高2至3cm盆底石，加入與幼苗齊高的培養土；澆入大量水分，至水分從盆底流出後，在土壤表面挖洞植苗。

定植3

以手指夾住株根，將育苗缽稍微傾倒，取下幼苗放置於土壤上方。以土輕掩幼苗，以指尖輕壓株根，去除根缽和土壤間空隙。定植結束後，澆入大量水分，直到水分從盆底流出。

Point

定植後2至3日內，先將盆器放置於日陰處。待植株穩定後，再移動至通風良好、日照充足場所。

② 豎立支架

● 藤蔓生長後，需以支柱支撐

豎立支柱 1

定植後一週，即需豎立支柱。先豎立①②兩根支柱，再於其間橫向放上支柱③。將網子掛於支柱③上，讓小黃瓜的藤蔓能自然地攀於支柱上。

豎立支柱 2

將主枝和網子以麻繩固定在一起。再依植株生長狀況，於數處打結固定。

Check
抑制植物生長高度，方便管理

使用培育玫瑰花的專用支架，即可輕鬆抑制植物的高度。或將3至4根支柱頂點束在一起，形成圓錐形，即可控制植株高度，最適合用於狹窄的陽台上。

③ 摘側芽

● 使植株茁壯的重要步驟

摘側芽 1

定植後一個月，將由下向上數至第五片本葉之間的側芽全數摘除。

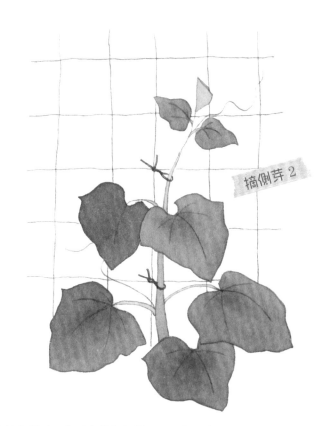

摘側芽 2

植株生長時，為避免莖部折損，需以麻繩將株莖和網子固定在一起。上端植株不摘側芽，這時留下兩片葉子，其餘全數摘除。細小的枝蔓放任其自然生長，但如小黃瓜周圍有種植其他植物，小黃瓜的莖和枝可能會纏繞至其他的植株上，請留心注意。

追肥 請見次頁 →

④ 追肥

● 植株生長，需定期補充養分

植株長高後，肥料撒於株根周圍的土壤上，將肥料拌入土壤中。土壤減少時，需立即補充新土壤。之後每十天定期追肥一次。

Point

小黃瓜比其他蔬菜的生長期短，追肥的時期也較早。當葉枯莖弱時，需施以即效性液肥補充養分。

⑤ 授粉

● 會開出雌花和雄花兩種花朵

雌花

雄花

授粉1

小黃瓜於同一植株上會開雌花和雄花兩種花朵。可藉由風吹自然授粉，也可摘取雄花，將其中心沾至雌花上進行人工授粉。授粉請於早晨溫度上升前進行。

授粉2

授粉的花朵枯萎時，花根部會隆起果實。約過一週至十天後長至約15cm，盡早摘除。

Point

第一顆果實需趁小收成。避免株莖瘦弱，才能多次收成。

⑥ 收成

● 良好收成時機

當果實長至18至20cm後，需以剪刀將果實從根部剪下。錯過收成期，果實的皮會變硬，中間的種子會變大，失去美味的精華。

⑦ 摘芯

● 促進側芽生長

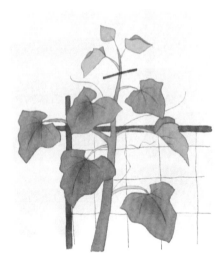

當小黃瓜植株的高度超越支柱時，可摘除前端的枝芽，阻止生長。營養則分散至側芽，葉子、花和果實會更加豐碩。摘芯應使用清潔後的工具，於晴天施行，以避免細菌從切口侵入。

Check

輕鬆植栽迷你小黃瓜

小黃瓜品種多，其中有一種與手掌大小相同的迷你黃瓜，植株小省空間且方便栽培。形狀大小也適合製作成醃黃瓜。

小黃瓜佐彩豆沙拉

小黃瓜配上營養滿分的豆類,製作出一道色彩繽紛的沙拉。完成後冷藏保存,放置時間愈久會愈入味,建議可多作一些,分別於早晨、夜晚享受滋味變化。

材料

小黃瓜(切圓片)	1根	●醬汁●	
洋蔥	50g	鹽	1/4小匙
沙拉豆(已熟可直接吃)	40g	三溫糖	1小匙
培根	3片	醋(蘋果醋為佳)	4大匙
15種綜合雜穀	2大匙	橄欖油	2.5大匙
白醬	1.5小匙	胡蘿蔔(磨碎)	1.5大匙
		蘋果汁	2大匙

親子一起來種菜!

蔬菜鑑定師 Advice

沙拉中添加了纖維質豐富的雜穀和豆類,具保護腸道的功用。以大量的醋調味,食用後口中留有一股清爽感。

作法

1. 先以熱水汆燙雜穀,以濾網瀝去水分後,淋上白汁充分攪拌。
2. 將洋蔥和培根切成寬1cm,放入平底鍋,以沙拉油(分量外)小火拌炒。
3. 拌入醬汁。
4. 將步驟1、2及小黃瓜、沙拉豆充分混合攪拌後,放入冰箱。
5. 約一小時後,待食材入味,即可裝盤享用。

小黃瓜薄片沙拉

小黃瓜配上兩種顏色的胡蘿蔔製成色彩繽紛的沙拉。以削皮器削成薄片。適合親子一同製作。

材料

小黃瓜	1根	●醬汁●	
胡蘿蔔(橘色和黃色)	各1/2根	顆粒芥茉醬	1大匙
白醬	1.5小匙	日式白醬	1小匙
橄欖油	2小匙	鹽	適量
		胡椒	適量
		橄欖油	2大匙
		米醋	1小匙

作法

1. 將小黃瓜和胡蘿蔔切為寬2cm,以削皮器削成薄片。將小黃瓜拌入橄欖油。胡蘿蔔加入少量鹽(分量外),淋上白醬。
2. 將醬汁材料混合,製作醬汁。
3. 將醬汁淋於小黃瓜和胡蘿蔔上後,即可裝盤。

蔬菜鑑定師 Advice

小黃瓜中的鉀可消除水腫,搭配上富含胡蘿蔔素,具抗氧化功能的胡蘿蔔,可使肌膚和頭髮都閃閃發亮!

茄子

從初夏至晚秋皆可收成，鮮嫩多汁

茄子的主要成分為水分和糖分。可調解體溫，清涼降暑。需放置於陽光充足的場所培育，並隨時補充水分。

蔬菜DATA

〔茄科〕

發芽溫度 約25℃至30℃	**主要病蟲害** 葉蟎、白粉病
放置場所 通風良好、日照充足處	

盆器標準	栽種所需空間	單個盆器的收成量
※容量標準請參閱P.6 深	 高1.5m 寬50cm	約20～30個

栽種時間表

	1	2	3	4	5	6	7	8	9	10	11	12
定植				←	→							
收成						←				→		

① 定植

● 在深盆器中加入大量土壤，定植幼苗

定植1

選擇葉面平整挺拔，植莖粗壯，呈鮮紫色的幼苗；定植前一晚，或作業前兩小時，將幼苗放入水桶浸水，讓根部充分吸收水分。

定植2

於盆器的盆底洞鋪入盆底網，放入高2至3cm盆底石，再加入與苗齊高的培養土，澆入大量水分，至水分從底部流出；再將幼苗從育苗缽中取下，放入盆器中。

Point

加土輕覆於幼苗的株根，以指尖輕壓株根，去除根缽和土壤間空隙。定植後澆入大量水分，至水分從盆底流出。

定植3

於株根周圍插入暫時性支柱，斜靠於植株上，並以麻繩固定株莖和支柱。

② 摘側芽

● 第一朵花開後開始整枝

摘側芽 1

七月前每天早上澆一次水，土面乾燥時，傍晚再澆一次。定植後1至2週，就會開出紫色的花朵。

Check

觀察花朵的生長狀態！

檢查花朵的狀況，中心的雌芯必需高於周圍的雄芯，代表生長正常。如果雌芯縮進雄芯內，代表水分和營養不足，需施以即效性液肥，補充大量的水分和需要的養分。

圖為雌芯縮進雄芯內的花朵

摘側芽 2

一番花
わき芽
わき芽
わき芽
わき芽

留下第一朵花的主枝及下方兩株側芽，其餘全數摘除。如果放置側芽不管，會分散植株的養分，葉片過於茂盛，阻礙植株生長。

③ 豎立支架

● 豎立支架，為著果作準備

植物高度超過50cm後，即可拆除暫時性支柱，豎立固定支柱；預備120cm支柱，請注意豎立支柱時不要傷及株根，以麻繩固定株莖，並以8字結將株枝和支柱纏繞一起。

④ 追肥

● 果實隆起，即可定期收成

花枯著果後，於株根周圍施加固態肥料，並混進土壤中。土減少時，立即補充新土壤。之後每兩週追肥一次。

Point

茄子不耐乾燥，每天早上都必需補充水分；也可於土面鋪上稻草或石頭，防止乾燥。

收成 請見次頁 →

親子一起來種菜！

⑤ 收成

● 第一顆果實要趁早收成

收成 1

定植一個月後，第一顆果實會日漸茁壯，長至5至8cm後，即可收成。

Point

此時期植株還在成長階段，需及早摘除果實，以免分散植株的養分。如此一來植株才會較為壯碩，提高總體收成量。

收成 2

植株生長穩定，果實長至10至12cm後，即可食用。錯過時機，外皮和果實內的種子都會變硬，美味盡失。收成時，以剪刀從根蒂處剪下。根蒂處帶刺，作業時請注意。

Check

記得
追肥＆澆水！

果實收成後，需追肥補充耗損。先確認葉子的情況，如果枝葉出現疲弱的現象，請施加液肥。炎夏氣溫較高時，需早晚各施肥一次，並補充大量的水分。

⑥ 整枝

● 迎接秋茄，修剪枝葉

反覆收成後，植株會日漸瘦弱，八月中旬時需切除半數以上的枝葉，促進新芽生長。之後，需每隔兩週施肥一次，促進新的枝芽和果實形成。

茄子栽培の大小事！

煩惱 1　花開後卻遲遲不著果？

A. 茄子通常是自然授粉，營養不足時，雌芯會縮進雄芯中，則不易授粉。這時可以綿棒沾上雄芯的花粉，放置於雌芯上，進行人工授粉。

煩惱 2　為何果實變硬？

A. 果實過於乾燥時，果實本身會變硬，失去光澤。每天務必施以大量水分。

煩惱 3　葉上出現白色的粉末？

A. 初夏之際，當葉子或莖幹上出現白色粉末的斑點，則可能是白粉病。這是濕度過低、空氣不佳所造成，建議請改變盆器放置的場所，提高空氣中的濕度，並摘除患病的枝葉。

來試種各種 茄子 吧！

水滴茄子

形狀比一般茄子圓潤，
水分含量高，無澀味，生吃也很美味。
栽培重點 需要施加的水分遠多於普通茄子。

斑馬茄

表面為淡紫色，呈條紋狀。
口感接近水茄子，鮮嫩多汁。
栽培重點 需要施加的水分遠多於普通茄子。

長綠茄

果實全長20cm，
根蒂與果實皆為綠色，
果實質軟，甜度高。
栽培重點 由於果實較大，花開時
需確實豎立支柱，將株莖和支柱固定在一塊。

賀茂茄

京都產的茄子，形狀又大又圓。
一個賀茂茄約150g，
果實有咬勁，不易煮爛。
栽培重點 大葉摘除後，讓果實照射光線。
此品種比一般茄子細緻，栽培時需蓋上防風網。

秋葵

能量蔬菜的代表！
生長速度快，易栽培

營養價值高的夏季人氣蔬菜，常出現於陽台菜園中；植株耐暑抗蟲，栽培起來輕鬆不費力，可開出扶桑花般的花朵！

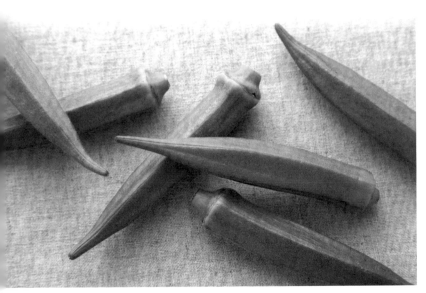

蔬菜DATA

〔葵科〕

發芽溫度　約25℃至32℃

主要病蟲害　油蟲、白粉病

放置場所　日照充足處

盆器標準	栽種所需空間	單個盆器的收成量
※容量標準請參閱P.6 深	 高160cm 寬45cm	約20～30個

栽種時間表

	1	2	3	4	5	6	7	8	9	10	11	12
定植					←	→						
收成							←		→			

① 定植

● 氣溫上升後，即可進行定植

定植1

五月中旬氣溫上升後，即可定植。請選擇莖粗筆直的優質幼苗，確認葉面是否平整挺拔，葉片是否有蟲害痕跡。

Point

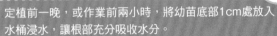
定植前一晚，或作業前兩小時，將幼苗底部1cm處放入水桶浸水，讓根部充分吸收水分。

定植2

於盆器的盆底洞鋪入盆底網，放入2至3cm盆底石，加入與幼苗齊高的培養土，並澆入大量水分，至水分從盆底流出為止，最後於土面挖洞植苗。

定植3

以手指夾住株根，將育苗缽稍微傾倒，輕取幼苗，放置於土面上。於根苗部分覆上薄土，以指尖輕壓株根，去除根缽和土壤間空隙。定植結束後，澆入大量水分，至水分從盆底流出為止。

② 澆水

● 秋葵不耐乾燥！請記得澆水

定植後二至三天需放置於日陰處，之後放至日照充足的地方培育。秋葵不耐乾燥，每天需澆水一次，澆入大量水分，至水分從盆底流出。表面特別乾燥時，可於傍晚再澆水一次。

③ 追肥

● 勤追肥，培育堅韌的植株

新葉紛紛長出，植株茁壯後，需實行追肥，促進植株生長。於株根周圍施肥，將肥料混於土壤之中，當土壤減少時，需立即補充新土壤，之後需每十天施肥一次。

✿Check

發現白色結晶！

如果發現葉片內側和莖部出現水滴狀的結晶，常會被誤認為害蟲，實際上那是秋葵的汁液，對植株無害，屬正常現象，無需將之清除。

④ 開花

● 綻放出奶油色的美麗花朵

開花1

開花期在定植兩個月後。奶油色的花朵會於晨間綻放，午間即枯萎，若想一窺花容需把握早上時間。

開花2

花朵枯萎後豆莢長出，並且日漸茁壯成長。

⑤ 收成

● 果實趁小收成

豆莢形成3至4天後，就會長至6至7cm。收成時，以剪刀從豆莢的根蒂處剪下，並同時清除其周圍的葉子，讓植株的養分能分送到其他的果實上。

Point

秋葵生長快速，長至6至7cm時，為收成適期，需趁早收成。果實過大時，豆莢會轉硬，纖維化。

豌豆

料理中的重要配角

有食用豆莢的絹莢，僅食用果實的青豆仁，及同時食用豆仁與豆莢的甜脆豌豆。收成期不同，味覺和口感也不同。收成期為嚴冬後的初春。

蔬菜DATA

〔豆科〕

發芽溫度 約12℃至20℃ **主要病蟲害** 白粉病

放置場所 日照充足處

盆器標準	栽種所需空間	單個盆器的收成量
※容量標準請參閱P.6		

大

高1m
寬60cm

約40~50個

栽種時間表

	1	2	3	4	5	6	7	8	9	10	11	12
播種										←		→
定植	→											←
收成				←		→						

1 播種

● 播種前將種子浸水，增加發芽的機率

播種 1

播種前，先將種子浸水。種子吸收水分後，發芽的機率就會提高。

※部分品種不需浸水，請參閱種子外包裝說明。

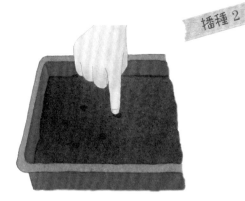
播種 2

於盆器底部鋪入盆底網，放入高2至3cm盆底石，加入培養土至6分滿。澆入大量水分，至水分從盆底流出後，以手指或寶特瓶瓶蓋於土面上作出小洞播入種子。

播種 3

於每一個洞中放入兩粒種子，以指尖覆土。以手掌輕壓土面，去除土壤和種子間空隙，並以澆水壺確實補充水分。

Check

注意鳥害！

豌豆是鳥兒的最愛！從播種、冒芽至植株安定，至結果，特別要小心禽鳥。葉子和子蔓也會成為鳥兒的食物，培育時最好於植株上鋪上不織布，預防禽鳥侵襲。

② 間拔

● 一處留下一植株&豎立支柱

間拔 1

當本葉長至3至4片，植株高度長至15cm後，則需進行間拔，讓一處留下一植株。間拔時，以剪刀從枝苗根部剪下，避免傷及周圍的枝苗。

Point

從幼苗開始培育時，請從此步驟開始作起。十至十一月左右育苗店和園藝店會推出豌豆幼苗。豌豆冬季生長較慢，初春時需放至日光充足的地方。

① ② ③

間拔 2

春天氣溫上升植株生長後，則需豎立支柱。先豎立①②兩根支柱，再於其間橫向放上支柱③。將網子掛於支柱③上，讓藤蔓自然攀沿生長。之後再以麻繩固定數處，將主枝和網子固定在一起。

③ 追肥

● 結果前開始追肥

藤蔓伸長攀附至網子上時，於株根周圍施加肥料，讓肥料混合於土壤中，當土壤減少時立即補充新土壤。

Point

藤蔓伸長後會自然攀於網上，攀附失敗時，可以麻繩纏繞數處，將株莖和網子固定在一起。

④ 開花

● 綻放小巧可愛的花朵

植株日漸茁壯後，會綻放出小巧花朵。豌豆和甜豆為同類，花朵也相當美麗，花朵分為紅花和白花兩品種。

⑤ 收成

● 果實隆起後，即可收成

花朵掉落後，就會長出豆莢。絹莢在豆莢內部的豆仁稍微隆起時可收成，趁豆莢軟時及時收成。

Point

甜脆豌豆需在豆莢長至7至8cm，果實膨脹後即可收成；青豆仁則要在豆莢表面脹起，出現皺褶時收成，再將豆仁從豆莢取出，進行料理。

菠菜

維他命、鐵質豐富，
營養滿分的黃綠色蔬菜

含有維他命、礦物、鈣質等礦物質成分，營養價值堪稱蔬菜之最；耐寒不耐暑，建議初學者在秋天進行播種。

🥬蔬菜ＤＡＴＡ

〔藜科〕

發芽溫度 約15℃至20℃	**主要病蟲害** 油蟲

放置場所 日照充足處

盆器標準	栽種所需空間	單個盆器的收成量
※容量標準請參閱P.6	高40cm 寬30cm	約20株

中

栽種時間表

	1	2	3	4	5	6	7	8	9	10	11	12
播種			←→						←→			
收成				←→						←→		

① 播種

● 製作淺條溝進行條播

播種 1

菠菜種子的殼較厚，發芽期較長，播種前先將種子浸水，促進種子發芽，待根部稍微長出後，再開始播種（此步驟為催芽）。

※部分品種不需浸水，請參閱種子外包裝說明。

播種 2

於盆器底部鋪入盆底網，放入高2至3cm盆底石，再添加培養土至6分滿。澆入大量水分，至水分從盆底流出，之後再添加培養土至8分滿，並以木板於土面作出淺條溝。

播種 3

沿淺條溝播種，再將條溝兩側的土壤覆於種子上，以手掌輕壓土面，去除土壤和種子間空隙，再以澆水壺大量補充水分。

② 間拔

● 間拔保持株間距離

間拔 1

播種一週後，即會長出細葉；土面乾燥時，需補充大量的水分，至水分從盆底流出。

間拔 2

本葉長出，葉間過於繁密時，即需間拔；拔除疲弱枯萎的枝葉，使株間的距離保持在3cm左右。

間拔 3

本葉長至4至5片時，需進行第二次間拔。以剪刀從株根剪下，將株間間距拉為5至6cm。植株不穩定時，可將土壤堆至株根。

Point

如果不固定間拔，則會長出弱小的植株；請確實實行間拔，植株才會日漸茁壯喔！

③ 追肥

● 追肥促進葉片成長

將肥料撒在株根周圍，請注意不要附著在葉片上，完成後將肥料混入土壤中；當土壤減少時，立即補充新土壤。之後通常兩週追肥一次後即可採收。

Point

觀察葉片的狀況，生長狀況不佳時，需施加以水稀釋過的液肥，補充營養。

④ 收成

● 需趁葉片軟嫩時收成

植株高度長至20cm，即可開始收成。以手抓緊株根，慢慢拔下作物，或以剪刀從根部剪下植株。

收成

親子一起來種菜！

嫩莖青花筍

成簇結果
收成期長
輕鬆培育
耐暑性強

莖部口感鬆軟

莖部鬆軟，為青花菜的一種；具維他命C、胡蘿蔔素、食物纖維豐富。摘除株梢的花蕾，使側芽增加，即可提高收成量。

🍅蔬菜DATA

〔十字花科〕

發芽溫度 約18℃至20℃	**主要病蟲害** 青蟲

放置場所 通風良好、日照充足處

盆器標準	栽種所需空間	單個盆器的收成量
※容量標準請參閱P.6	高90cm 寬50cm	約20～30株

栽種時間表												
	1	2	3	4	5	6	7	8	9	10	11	12
定植			←	→				←	→			
收成	→				←	→					←	←

① 定植

● 從幼苗開始培育，較容易栽培

定植1

請挑選優質的幼苗，莖粗筆直，葉片無蟲害的痕跡；比起春天，秋天上市的幼苗較多。定植前一晚，或作業前兩小時，將幼苗放入水桶浸水，讓根部充分吸收水分。

定植2

於盆器底部鋪入盆底網，放入高2至3cm盆底石，再加入與幼苗齊高的培養土。並澆入大量水分，至水分從盆底流出。

定植3

以手指夾住株根，將育苗鉢稍微傾倒，取下幼苗，放置於土壤上；覆土輕掩幼苗株根，以指尖輕壓株根，去除根鉢和土壤間空隙；定植完成後，再澆入大量水分，至水分從盆底流出。

② 追肥

● 使植株茁壯成長

追肥 1

定植十天至兩週後,植株長大一圈,即可進行追肥;於株根周圍施加肥料,並將肥料混於土壤中,之後每隔三週追肥一次。

追肥 2

當土壤高度下沉減少時,需立即補充新土壤。

Check

**注意油蟲&
青蟲等蟲害!**

油菜科的植物容易滋生油蟲,發現時需馬上以水沖洗,或以弱黏性的膠帶將蟲黏掉;油蟲最愛花莖的葉子,特別會在早晨大量啃食葉片,因此晨間請確實澆水,並檢查葉子裡側,發現油蟲的蹤影時立即撲殺。

③ 收成

● 藉摘芯刺激側芽生長

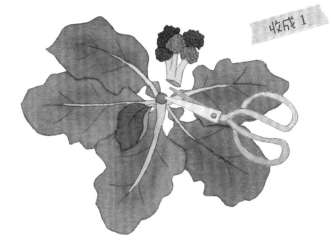

收成 1

定植兩個月後,株梢的花蕾長至2cm,以剪刀從莖部剪下收成。

收成 2

當側芽陸續長出,花蕾長至約3cm後,即可收成;莖部口感柔軟且美味,收成時可截長一點。

Point

如果收成延遲,待花開後莖部就會變硬;這時只收成花蕾部分後汆燙內菜食用也好吃。

花椰菜

輕鬆培育
耐寒性強

外觀如花束，可生吃！

新鮮的花椰菜可生吃，享受有別於汆燙料理的清脆口感；品種分為橘色和紫色，可多培育幾個顏色，點綴出繽紛的陽台空間。

栽培重點 ○○○○○○○○○○○○

- 葉片寬大，一個盆器培育一株即可。
- 肥料不足時，植株會變硬，需三週追肥一次。
- 將花蕾周圍的葉片包住花蕾，遮擋陽光，即可生長出白色花椰菜。
- 選擇幼苗時，需選葉片平整、挺拔的幼苗。

蔬菜DATA

〔十字花科〕

發芽溫度	約15℃至20℃	主要病蟲害	青蟲

放置場所　通風良好、日照充足處

盆器標準
※容量標準請參閱P.6

中

栽種所需空間

高60cm
寬30cm

單個盆器的收成量
1株

栽種時間表

	1	2	3	4	5	6	7	8	9	10	11	12
定植								←	→			
收成										←	→	

Vegetable Recipe

嫩莖青花筍 🍴 煎餅

製作一般家常點心的煎餅，加入蔬菜提高維他命含量。也可變換其中配料，享受多層次的口感。

材料

嫩莖青花筍	牛奶⋯⋯⋯⋯⋯⋯130ml
（花蕾部分約三簇）⋯⋯25g	巧達起士⋯⋯⋯⋯⋯⋯35g
鬆餅粉⋯⋯⋯⋯⋯⋯200g	義大利香芹⋯⋯⋯⋯⋯適量
蛋⋯⋯⋯⋯⋯⋯⋯1顆	

作法

1. 在嫩莖青花筍上加入少量鹽（分量外），以熱水汆燙後，剪下花蕾部分。
2. 將蛋、牛奶加入鬆餅粉中並充份攪拌，加入步驟1並攪拌均勻。
3. 在平底鍋內加入沙拉油（適量，分量外）加熱，將步驟2分成12等分，放至於平底鍋內，兩面煎至微焦的程度。其中6塊煎餅中放入義大利香芹，再繼續煎。
4. 待煎餅置涼後，夾入巧達起士薄片。

蔬菜鑑定師 Advice

嫩莖青花筍稍微汆燙即可，避免其中維他命C流失。其中的維他命C、D、胡蘿蔔素豐富，具有美肌效果！如於感冒初期食用，可增加抵抗力。

耐鹽植物冰花 （輕鬆培育）

顆粒狀的新口感，融合獨特的鹽味

葉子和株莖表面具水滴般的顆粒狀，外觀獨特的新型蔬菜；培育的程度較為繁複，建議初學者從幼苗栽培為佳。

栽培重點 ○○○○○○○○○○○○

- 散播種子於盆器中，葉間繁密時，即可進行間拔。
- 耐鹽性高，於食用前一週澆上鹽度同海水的食鹽水。
- 防蟲效果高，種植在易長蟲的植物附近，可減少害蟲的滋生。
- 葉片和葉堅柔軟，修剪時注意不要傷及植株。

石蓮花 （輕鬆培育）（耐寒性強）

賞心悅目的健康蔬菜

葉片狀似花瓣，可作為裝飾；此類新品種的蔬菜中，富含維他命、礦物質、胺基酸、鈣質等，營養豐富，口味溫和，宜入菜食用！

栽培重點 ○○○○○○○○○○○○

- 夏季減少澆水量，保持乾燥。
- 葉片長至約6cm時，即可拆下葉片收成。
- 青蘋果般的酸味&輕微的澀味為其特徵。
- 除了以幼苗栽培外，也可將食用葉插栽培、定植。

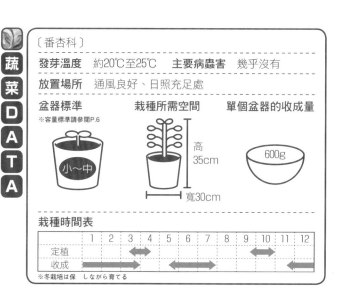

蔬菜DATA

〔番杏科〕

發芽溫度　約20℃至25℃　　主要病蟲害　幾乎沒有

放置場所　通風良好、日照充足處

盆器標準　　　栽種所需空間　　單個盆器的收成量
※容量標準請參閱P.6

小～中　　高35cm　寬30cm　　600g

栽種時間表

	1	2	3	4	5	6	7	8	9	10	11	12
定植			↔					↔				
收成					↔						←	

※冬栽培は保 しながら育てる

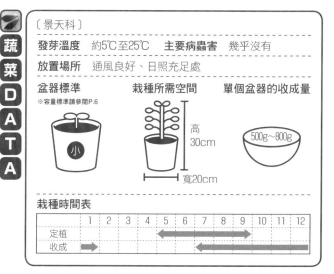

蔬菜DATA

〔景天科〕

發芽溫度　約5℃至25℃　　主要病蟲害　幾乎沒有

放置場所　通風良好、日照充足處

盆器標準　　　栽種所需空間　　單個盆器的收成量
※容量標準請參閱P.6

小　　高30cm　寬20cm　　500g～800g

栽種時間表

	1	2	3	4	5	6	7	8	9	10	11	12
定植					←				→			
收成	→				←							→

球莖甘藍

（輕鬆培育）
（耐暑性強）

莖部肥大，形狀特殊

地中海產的新型蔬菜。和高麗菜同類，口感脆嫩微甜，可製作沙拉食用。

栽培重點 ○○○○○○○○○○○

- 植株高度長至20至30cm後，即開始追肥；之後每二至三週定期追肥。
- 葉片長大時，需擴寬株間。
- 莖部過大時，水分流失，美味度會降低，請盡早收成。
- 肥大的莖直徑超過5cm，即可收成；以剪刀剪下肥大部位的株根收成。

蔬菜DATA

〔十字花科〕

發芽溫度　約15℃至25℃　　主要病蟲害　青蟲

放置場所　通風良好、日照充足處

盆器標準
※容量標準請參閱P.6
中

栽種所需空間
高60cm
寬30cm

單個盆器的收成量
2株

栽種時間表

	1	2	3	4	5	6	7	8	9	10	11	12
定植				←	→				←	→		
收成						←	→			←	→	

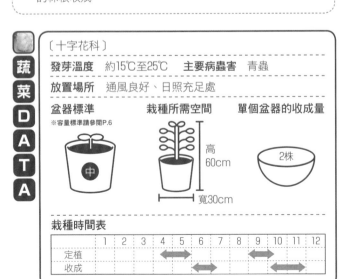

孢子甘藍

（輕鬆培育）
（耐寒性強）

如玫瑰般的幼芽，緊黏於株莖上方

外觀狀似高麗菜芽，常出於超市冷藏櫃中。小花般的芽球緊附著株莖，也可作裝飾供人觀賞。

栽培重點 ○○○○○○○○○○○

- 長成後，摘取下方的葉子，使芽球更加茁壯。
- 與羽衣甘藍同類，可將摘下的葉子製成果菜汁，營養相當豐富。
- 芽球葉綻開後，即可收成。
- 收成後，開始追肥，促進芽葉生長。
- 芽球可以蒸的方式作成溫野菜沙拉和涼拌甘藍一起食用

蔬菜DATA

〔十字花科〕

發芽溫度　約10℃至22℃

主要病蟲害　青蟲、夜盜蟲

放置場所　通風良好、日照充足處

盆器標準
※容量標準請參閱P.6
大

栽種所需空間
高60cm
寬40cm

單個盆器的收成量
50～60個

栽種時間表

	1	2	3	4	5	6	7	8	9	10	11	12
定植								←	→			
收成	←		→									

珊瑚花椰菜 輕鬆培育 耐寒性強

外觀獨特&趣味栽培

外觀獨特，表面如螺貝；歐洲自古以來皆有食用，
近年傳至日本，栽培用的幼苗陸續於市面上販售。

栽培重點 ○○○○○○○○○○○○○

● 口感清脆，介於花椰菜和青花菜之間。
● 較青花菜硬，建議汆燙後食用。
● 定植兩個月後，株梢會長出花蕾。
● 葉子恐被禽鳥啃食，需蓋上不織布（薄但不透光）預防鳥害。

〔十字花科〕

蔬菜DATA

發芽溫度　約15℃至20℃　　主要病蟲害　油蟲

放置場所　通風良好、日照充足處

盆器標準
※容量標準請參閱P.6

栽種所需空間　高60cm　寬30cm

單個盆器的收成量　1株

栽種時間表

	1	2	3	4	5	6	7	8	9	10	11	12
定植								→	→			
收成											→	→

瑞士甜菜 輕鬆培育 收成期長 耐暑性強 耐寒性強

特徵是色彩繽紛的葉莖！全年皆可培育

地中海原產蔬菜，具紅、黃、橘葉莖色彩多樣，富含
維他命和礦物質；柔軟的小葉可作沙拉，大葉可拌炒
料理。

來試種新型蔬菜吧！

栽培重點 ○○○○○○○○○○○○○

● 耐暑性強，在葉菜類蔬菜缺乏的夏季也可栽種。
● 種殼堅硬，播種前需將種子浸水，促進發芽。
　※部分品種不需浸水，請參閱種子外包裝說明。
● 大量播種，栽培時則以間拔拉寬株間。
● 植株長至約20cm，即可收成；作物過大時，口味過於刺激，口感變硬。

〔藜科〕

蔬菜DATA

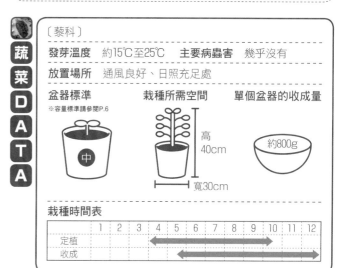

發芽溫度　約15℃至25℃　　主要病蟲害　幾乎沒有

放置場所　通風良好、日照充足處

盆器標準
※容量標準請參閱P.6

栽種所需空間　高40cm　寬30cm

單個盆器的收成量　約800g

栽種時間表

	1	2	3	4	5	6	7	8	9	10	11	12
定植			←	→	→	→	→	→	→	→		
收成				←	→	→	→	→	→	→	→	

Vegetable Recipe

石蓮花
果汁

將材料放入攪拌器內拌打成汁，
早餐一杯，補充身體所需的營
養。

材料（1 杯的份量）

石蓮花	5片	水	50cc
奇異果	1/2個	薄荷	依喜好決定
三溫糖	2小匙		

（依奇異果的熟度調整糖分）

作法

1. 將奇異果、石蓮花切成適量大小。
2. 將材料放入攪拌器中，加入三溫糖和水後搾成汁。
3. 注入玻璃杯，依喜好放上薄荷葉點綴即完成。

※三溫糖是黃砂糖的一種，為日本
的特產，常用於日本料理，尤其
是日式甜點。

迷你綠甘藍＆
豆乳焗烤

將孢子甘藍裝飾如花朵形狀，製作成外形可愛的焗烤；胚芽麥片混
合白醬作成的輕食，具分量的飽足感！

材料（2人分）

孢子甘藍	50g	清湯	0.5小匙
起士	20g	鹽	適量
胚芽麥片（乾燥）	3大匙	胡椒	適量
●白醬		奶油	2大匙
生奶油	100cc	麵粉	2大匙
豆乳	200cc		

作法

1. 將橄欖油、鹽（分量外‧適量）加入熱水中，放入孢子甘藍汆
   燙；另取一個鍋子中，加入熱水（分量外‧適量），汆燙麥
   片。
2. 將奶油放於耐熱盤中，在室溫下軟化，加入麵粉攪拌。慢慢地
   加入生奶油，充分攪拌均勻。
3. 將豆乳加入步驟2中，再次攪拌；不使用保鮮膜，直接放入微波
   爐中加熱3分鐘，取出攪拌並覆蓋上保鮮膜，再次加熱。至醬汁
   沸騰後，加入鹽和胡椒調味。
4. 將煮好的麥片和白醬倒入盆器中，放入烤箱約烤10分鐘；取出
   後，加入起士和孢子甘藍後，再次放入烤箱，待起士表面微焦
   後即完成。

蔬菜鑑定師 Advice

豆乳中的蛋白質，可降低血液中的膽固醇；孢子甘藍，與羽衣
甘藍同類，常作為果菜汁的食材，富含鐵質、鈣質、胡蘿蔔
素，營養價值高。讓你在一道菜中即可攝取到各種營養。

蔬菜鑑定師 Advice

石蓮花口味溫和，奇異果味道酸甜，兩者中和後為潤口且健康
的果汁；不喜歡喝牛奶的人，也可改喝石蓮花汁，補充身體所
需的鈣質；奇異果中的維他命C也可以讓皮膚水噹噹。

料理必備
調味料！

香草&香料

羅勒、薄荷、冬蔥……

這些為料理提味的香料，也可以在家輕鬆培育喔！

料理三餐的空檔，到陽台深呼吸放鬆一下，

讓清新的香氣解放緊繃＆疲憊的心靈。

羅勒

快速收成　輕鬆培育
收成期長　耐暑性強

香氣清爽，人氣第一の香草

羅勒已頻繁地被利用於家庭料理中，成長期時側芽陸續長出時，即可收成。也可作成羅勒醬，加入料理中使用！

野菜DATA

〔唇形科〕

| 發芽溫度 | 約20℃至25℃ | 主要病蟲害 | 葉蟎 |

| 放置場所 | 發芽前放置於稍亮的日陰處 |
| | 發芽後放置於日照充足處 |

盆器標準
※容量標準請參閱P.6

小～中

栽種所需空間

高 40～60cm
寬30～40cm

單個盆器的收成量

約200g～

栽種時間表

	1	2	3	4	5	6	7	8	9	10	11	12
播種				←		→						
收成						←				→		

① 播種

● 使用散播，勿使種子相疊

播種 1

播種前，將種子泡水，促進發芽。
※部分品種不需浸水，請參閱種子外包裝說明。

播種 2

於盆器底部鋪入盆底網，放入高2至3cm盆底石，加入培養土至6分滿。加水至水從底部流出後，再填入培養土至8分滿的位置。完成後，陸續散播種子，請勿讓種子疊在一起。

播種 3

將土以篩網過篩，輕覆於種子上，並以手掌輕壓土面，去除土壤和種子間空隙，並以噴霧器打濕土壤表面。

Point

羅勒屬於好光性種子，遇光會自動發芽，因此覆土量不宜太厚。播種後，需放置於半日陰處培育。

② 間拔・追肥

● 階段式間拔

間拔・追肥 1

播種後一週至十天，即會長出三角形的芽。雙子葉長出後，需清理枝葉混雜處，並進行間拔以拉開株間的距離。

Point

種子發芽後，將盆器移動至通風良好日照充足處培育。

間拔・追肥 2

本葉長至5至6片時，再次間拔，使枝葉不會碰觸。間拔後，於株根周圍撒上肥料，並混合於土壤中。

間拔・追肥 3

Check

由幼苗培育開始

如果直接從幼苗培育，請從間拔・追肥的步驟作起。定植時，請小心勿傷及株根。

當枝葉長至鄰葉互相碰觸時，即實行間拔。株根長粗後，間拔時建議改用剪刀。

③ 收成

● 摘芯促進側芽

收成 1

本葉長至10片以上後，可摘除枝梢促進側芽生長（摘芯）；摘芯可使枝葉更加茂密。

收成 2

發芽後兩個月內，枝葉茂密，植株穩定，即可收成大片葉子；七月中旬時會開出白花，可與葉片一同收成。花核形成後，會導致植株疲弱，花開後需趁早摘除。

※花核：
　花朵內的核中種子。

Point

欲增加羅勒的植株時，可於八月中旬至九月時，挑選長至30cm羅勒葉，預留高12至13cm的莖後剪下，再插入裝水的盆器中。每日勤換水，根部即會生長，生長至5cm後，再度定植於土壤中培育。

如何使用羅勒作料理呢？

羅勒加入沙拉和義大利麵中，可增加清爽的口感與香氣；也可與橄欖油和大蒜混合，製作成羅勒醬；亦或醃製於酢或油中，作成調味料使用；此外，花穗也可食用，可加入沙拉或燒烤料理中，作為配菜。

迷迭香

為料理增添香氣

收成期長
輕鬆培育
耐寒性強

可增添肉類香氣。也兼具防蟲效果，可放置於鞋櫃和水槽周圍，作芳香劑使用。如果培育的盆器夠大，植株長高後，即會開出小花。

蔬菜DATA

〔唇形科〕

發芽溫度 約5℃至30℃　**主要病蟲害** 幾乎沒有

放置場所 日照充足處

盆器標準	栽種所需空間	單個盆器的收成量
※容量標準請參閱P.6		

中

高 80cm
寬30至40cm

約200g～

栽種時間表

	1	2	3	4	5	6	7	8	9	10	11	12
定植				←		→			←	→		
收成		←							→			

（收成期在定植的隔年）

1 定植

● 從幼苗開始培育，輕鬆又簡單

定植1

請挑選優質幼苗，莖粗筆直，葉間距離均一，植株高度不要太高的幼苗為佳。

定植2

從育苗缽取下幼苗，放置於盆器的土壤上，輕覆土壤於苗根，以指尖輕壓，去除根缽和土壤間空隙；澆入大量水分，至水分從盆底流出。

Point

於盆器中，放入盆底網和盆底石，加入與苗齊高的培養土；為避免植株發育不良，宜使用排水性良好的土壤。

2 收成

● 進行收成，增加側芽

裁剪葉片和株莖上方，側芽即會增加，枝葉叢生。收成時，宜以剪刀剪定。收成的同時，也刺激新枝芽生長。

Point

枝葉過於茂密，葉間悶熱則易枯萎，需定期剪定，保持通風的環境。5月至6月或於9月剪定成高13cm的枝葉，再次植入土壤中，即可長出新的植株。植入前先摘下外葉，插入盛滿水的盆器內，讓枝葉充分吸收水分。

薰衣草

栽培輕鬆

使人放鬆的香氣，自家栽培即可

常使用於薰香和香草茶中，有舒緩氣氛的功效，抗菌力高，具有細緻肌膚的效果。

蔬菜DATA

〔唇形科〕

發芽溫度 約5℃至30℃	主要病蟲害 幾乎沒有

放置場所　日照充足處

盆器標準	栽種所需空間	單個盆器的收成量
※容量標準請參閱P.6		

中

20ℓ

高
40至60cm

寬30至40cm

第三年
200g～300g

栽種時間表

	1	2	3	4	5	6	7	8	9	10	11	12
定植				←→								
收成					←→							

（從第三年開始收成，品種不同開花期也會不同）

① 定植

● 依喜好選擇品種定植

定植 1

準備植株高度不需太高，莖粗筆直的幼苗。

定植 2

於盆器底部鋪入盆底網和盆底石，並加入與苗齊高的培養土；將幼苗從培養土中取出，放置於盆器的土面上，並覆土輕掩苗根。

Point

於根缽覆上薄土，以指尖輕壓株根，去除根缽與土壤間縫隙；澆入大量水分，至水分從盆底流出為止。

② 收成

● 進行收成，增加側芽

當一個花穗中開出第2至3朵花後即可收成。將花穗下方第3片葉子從葉根切除，進行收成。收成時建議選擇於晴朗的早晨，使薰衣草散發出最怡人的香氣；收成後，將作物放置於日陰處陰乾，即可長期保存。

Point

五月收成期前，剪下高13cm的枝芽，再次栽培，即可培育出一株全新的植株。在插枝前先摘除下葉，插入裝水盆器中，讓枝葉充分吸收水分。

Check

以少量的水栽培

薰衣草喜好乾燥，請注意不要施加過多水分。土面乾燥時，施以大量水分，至水分從盆底流出為止。冬季來臨前，剪去植株1/3的枝芽，到了春天即可冒出新的枝芽。

料理必備調味料！

薄荷

簡單自製&享用香草茶

薄荷可入菜，可點綴菜餚，提出香味；薄荷也可作香草茶，或作芳香劑使用，並且具有緩和花粉症等過敏症狀的功效。

蔬菜DATA

〔唇形科〕

發芽溫度 約15℃至25℃	主要病蟲害 幾乎沒有

放置場所　通風良好、日照充足處

盆器標準 ※容量標準請參閱P.6	栽種所需空間	單個盆器的收成量
中	 高 25至60cm 寬25至40cm	約100g~

栽種時間表

	1	2	3	4	5	6	7	8	9	10	11	12
定植				←		→			←	→		
收成	←											→

（於定植年度的6至9月收成）

① 定植

● 選擇穩健的幼苗

定植1

挑選株根的葉片濃密、植株高度不高、本枝穩健的幼苗。

定植2

於幼苗根缽覆上薄土，以指尖輕壓株根，去除根缽和土壤間空隙。

Point

定植後，澆入大量水分，至水分從盆底流出為止，之後2至3天放置於日陰處培育。

Check

利用株根易增加植株

去除枝芽的下葉，剪下高12至13cm枝芽，插入裝水盆器中，即會長出株根；每日勤換水，長出5cm株根後，再次植入土壤中種植，即可培育出新的植株。

② 收成

● 進行收成，增加側芽

定植後，待穩定生長後，即可開始剪定收成。剪下枝株上長出的新葉收成，需長期保存時，需收成整株枝葉，於日陰處陰乾後，放置於密閉盆器中保存。

Check

培育簡單不費力的香草

薄荷培育方式簡易，耐暑又耐寒，施加過多的肥料時，香氣會變淡。植株不耐乾燥，土面乾燥時，即需補充大量水分。

薰衣草浴鹽

浴鹽促進發汗＆薰衣草放鬆！

材料（入浴一次的分量）

自然鹽（建議使用岩鹽）⋯⋯⋯3大匙
薰衣草（乾燥）⋯⋯⋯⋯⋯⋯1小匙
薰衣草油⋯⋯⋯⋯⋯⋯⋯⋯⋯3滴

作法

1. 摘取薰衣草花的部分。
2. 將薰衣草花和自然鹽放入玻璃盆器中，充分拌勻。
3. 加入薰衣草油，並輕輕攪拌，放置3至7天。

Point

自然鹽具有發汗、雕塑體態和美肌效果，再搭配上薰衣草的安眠效果，讓你睡前擁有一個放鬆、美好的泡澡時光；如果一次製作的量較多，請務必在一個月內用完，且必需保存在無金屬的玻璃器皿中。

迷迭香白葡萄酒

將摘芯和剪定後的枝葉加入白葡萄酒中，可增加料理的香氣。

材料

迷迭香⋯⋯⋯⋯⋯⋯約15cm枝葉1枝
白葡萄酒⋯⋯⋯⋯⋯⋯⋯⋯⋯400ml

作法

1. 以流動的水洗淨迷迭香，以餐巾紙包裹，吸乾水分（水分容易積於葉與莖之間，請留意）。
2. 將迷迭香放入白葡萄酒中。
3. 放置半天至一天後即完成。

一日後取出迷迭香枝葉

Point

迷迭香的香氣，具有醒腦效果，可加入假日的午餐、傍晚的晚餐中。義大利麵、蒸魚、貝類及沙拉的醬汁中，都可利用迷迭香增加香氣；入菜時，放置2至3天，可增加香氣。

紫蘇

日本和食中營造獨特的香氣

快速收成　輕鬆培育
收成期長　耐暑性強

生魚片、沙拉、天婦羅等料理中，常以紫蘇來提味；反覆間拔，陸續收成，再留下1至2株的植株，即可讓你享用一整個夏天。

🌱 蔬菜DATA

〔唇形科〕

發芽溫度　約25℃至30℃

生長溫度　約20℃至25℃　**主要病蟲害**　葉蟎

放置場所　通風良好、日照充足處（可半日陰栽培）

盆器標準　　　　栽種所需空間　　單個盆器的收成量
※容量標準請參閱P.6

 中

 高50cm 寬30cm

 50～60枚

栽種時間表

	1	2	3	4	5	6	7	8	9	10	11	12
播種				↔								
定植					↔							
收成						←→						

① 播種

播種 1

於盆器底部鋪入盆底網，放入高2至3cm盆底石，加入培養土至6分滿，澆入大量水分，至水分從盆底流出，再加入培養土至8分滿的位置。

播種 2

以木板整平土面，將種子散播於盆器土面，請注意不要讓種子疊在一起。

播種 3

將土以篩網過篩，輕覆於種子上，以手掌輕壓土面，去除土壤和種子間空隙，再以噴霧器施加大量水分；之後每天都需澆水，避免土壤乾燥。

② 間拔

● 間拔 & 收成

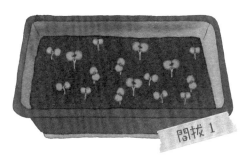

間拔 1

播種一週至十天左右，即會長出雙子葉，當鄰葉碰觸時，需進行間拔；這時收成的枝葉稱作芽紫蘇，多用作辛香料。

間拔 2

待本葉長出 3 至 4 片後，即需實行第二次間拔，將株間擴寬為5cm，讓鄰葉不要碰觸到。之後當葉間繁密時，再進行間拔。

Point

從小植株上拔下來的葉片，香氣迷人，葉質柔軟，可加入沙拉或湯品中。

③ 追肥

● 每個月追肥一次即可

當植株高度超過20cm時，即需開始追肥。將肥料散至株根周圍，混入土壤之中，之後每月追肥一次。

---

④ 收成

● 進入正式的收成期

收成 1

本葉長至10至15片，植株高度長至30cm時，剪下株梢摘芯，刺激側芽生長，使枝葉更加繁密。

收成 2

夏季時，側芽陸續生長，長出大的枝葉。葉片過大容易變硬，需定期收成。

收成 3

九月中旬，長於莖前端的花穗就會漸漸長大，當花開至一半中途摘除，摘下的收成物稱作「花穗紫蘇」，常被用於佃煮料理中。

※佃煮：以糖和醬油調味的醃製料理，以小魚、海帶等海產為主。

如何使用紫蘇作料理呢？

不同階段採集的紫蘇，各有不同的功用。間拔時收成的芽紫蘇，加入湯品或涼拌豆腐中提味；植小幼小階段收成的嫩葉，口感柔軟，加入沙拉和涼拌菜中食用；花穗紫蘇可作成鹽漬物，配飯食用；穗紫蘇則可作成醬油漬物或佃煮料理。

義大利香芹

細小株莖中蘊含著滿滿的養分

義大利香芹比起一般芹菜,刺激味和苦味較少,適合加入湯品、義大利麵、肉料理中;內含維他命A、C、鐵質,營養相當豐富。植株不耐乾燥,需隨時補充水分。

蔬菜DATA

〔繖形花科〕

發芽溫度　約20℃至22℃	**主要病蟲害**　油蟲

生長溫度　約15℃至25℃

放置場所　通風良好、日照充足處

盆器標準	栽種所需空間	單個盆器的收成量
※容量標準請參閱P.6		

 小～中

 高40cm　寬30cm

 100g～200g

栽種時間表

	1	2	3	4	5	6	7	8	9	10	11	12
播種			←→				←→					
定植			←→				←→					
收成	←———————————————————————————————→											

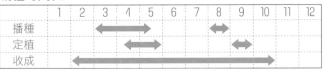

---

1 播種

● 春天為播種時期

播種 1

於盆器底部鋪入盆底網,放入高2至3cm盆底石,加入培養土至6分滿,澆入大量水分,至水分從盆底流出,再加入培養土至8分滿的位置,最後以木板整平土面。

播種 2

將種子散播至盆器中,請注意不要讓種子重疊在一起。

播種 3

將土以篩網過篩,輕覆於種子上,以手掌或木板輕壓土面,去除土壤和種子間空隙,再以噴霧器施加大量水分。

② 間拔

● 留下健康的植株

間拔 1

播種後,每天早上都需澆水,以避免土壤乾燥;發芽期較其他蔬菜長,播種後兩週,即會長出細長形的雙子葉。

間拔 2

本葉長至3至4片,鄰葉繁密時,即需實行間拔。拔除瘦弱且生長遲緩的枝芽,留下健康的植株。

間拔 3

本葉長到3至4片時,需再次間拔,將株間距離保持於10cm,避免鄰葉互相碰觸。

③ 追肥

● 追肥少量即可

第二次間拔後,在株根周圍撒上肥料,混入土壤中。土壤減少時,需立即補充新土壤。植株疲弱時,需施以即效性液肥,之後再配合生長狀況,當植株生長遲緩時,再進行追肥即可。

④ 收成

● 葉子要趁鮮嫩收成

收成 1

本葉長至15片時,即可開始收成。陸續收成下方的葉子,同時也可刺激新葉生長,則可長期收成。

收成 2

一次收成過多枝葉,留下的植株生長會變慢,收成時需至少留下10片本葉。

如何使用義大利香芹作料理呢?

可加入湯品和沙拉中,也可以如羅勒般,將大蒜和橄欖油一同放入食物處理機中,作成香芹醬保存。香芹醬可加入義大利麵和肉料理中。也可將香芹洗淨瀝乾、陰乾,作成乾燥香芹,加入義大利麵和湯品中。

冬蔥

葉子再生後，可多次收成

初秋時節植入球根，春天即會長出青綠色的葉子，留下株根切除上葉，即可多次收成。最後將球根挖起，隔年還可再次使用，實為經濟實惠的蔬菜。

蔬菜DATA

〔蔥科〕

發芽溫度	約16℃至18℃	**主要病蟲害**	油蟲

放置場所	日照充足處

盆器標準　　　　　栽種所需空間　　單個盆器的收成量

※容量標準請參閱P.6

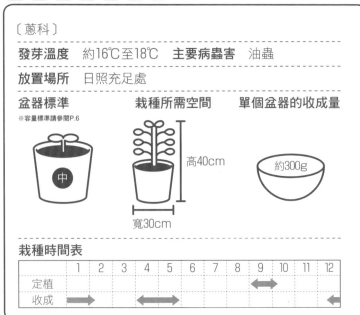

中　　　　　高40cm　　寬30cm　　約300g

栽種時間表

	1	2	3	4	5	6	7	8	9	10	11	12
定植									←→			
收成	→			←→								←

① 定植

● 從秋季開始栽培

定植1

於盆器底部鋪入盆底網，放入高2至3cm盆底石，加入培養土至6分滿，澆入大量水分，加入培養土至8分滿的位置，以木板於土面作出淺條溝。

定植2

以10cm間隔，將球根沿條溝播入。播種時，將球根尖端朝上。

定植3

播種時，將鱗莖尖端露出，將土覆蓋於周圍，輕壓球根，去除土壤和種子間空隙。定植後，需澆入大量水分。

② 追肥

● 收成時需補充大量營養

追肥 1

枝芽發芽後，植株生長超過10cm時，需於株根周圍施肥，並混入土壤中。

追肥 2

球根上陸續長出新芽。當植株高度超過15cm時，即可陸續收成外側的枝葉。

追肥 3

當植株長至20至25cm時，留下4至5cm株根，其餘剪下收成。再進行追肥。

③ 收成

● 五月進行收成

收成 1

植株長至30至35cm時，即可進入正式的收成期，留下株根，收成上方的枝葉，之後還會冒出嫩葉，可多次收成。

料理必備調味料！

收成 2

當葉子枯萎，栽培期結束後，挖起球根，放入網子中陰乾，妥善管理，於秋天再次植入栽培。

🌱 如何使用冬蔥作料理呢？

冬蔥沒有一般蔥類的衝辣，可切碎撒在薄片料理上，或搭配生魚片食用。也可作為香料使用，微微的香甜口感，將帶來與一般蔥類截然不同的味覺饗宴。

繽紛的蔬菜花
點綴陽台

種菜的妙趣，在於可享用自家培育的菜葉和五彩繽紛的果實，享受現摘蔬菜的香甜口感；除此之外，以綻放於各季的蔬菜花，白、紫、紅等色彩繽紛的花朵點綴陽台，也別有一番樂趣。

秋葵

秋葵是木槿花同類，到了七月下旬，即會綻放出奶油色的大花朵。秋葵的花朵會於晨間綻開，中午即會枯萎，早上澆水時好好把握時機欣賞花朵之美吧！

茄子花

定植一個月後，會陸續開出紫色的花朵。茄子植株的營養狀態可藉由花朵判定，當花朵中央的雌芯高於雄芯時，即代表植株的養分充足。記得檢查花朵確認喔！

耐鹽植物冰花

會開出如松葉菊般的白色花朵，開花期為八月，花朵會為葉前綻開。

芝麻菜花

細小的花朵帶有類似芝麻，微辣的風味。當芝麻菜的植株長至一定程度後，枝梢即會開出小花。開花後葉子即會變硬，請記得趁早摘除花芯。

豌豆花

豌豆為甜豆同類，會開出紅色和白色的可愛小花。花語為「淵遠流長的趣味」，四月天氣暖和之際，花朵則陸續綻放。

水芹花

五月至六月時，株莖變粗，前端會開出小花。可連同四周的綠葉一同摘下，作為屋內裝飾。

沒有陽台
種菜
也OK！

室內蔬菜

就算陽台的陽光不夠充足或空間太小放不下盆器，

還是能夠享受栽培的樂趣。

室內栽培的植物，無需使用土壤，一年中皆可實行，

在享受種菜樂趣的同時，仍能保持家中環境的整潔喔！

嫩芽

新芽中含有豐富養分

嫩芽意指植株的新芽，新芽中含有植株發芽時所需的養分，無需接受日光洗禮，在家中一年四季皆可培育。培育的盆器通常會連同種子配套販售，初學者也能輕鬆上手。

蘿蔔嬰

快速收成
輕鬆培育

嫩芽意指植株的新芽，新芽中含有植株發芽時所需的養分，無需接受日光洗禮，在家中一年四季皆可培育。培育的盆器通常會連同種子配套販售，初學者也能輕鬆上手。

蔬菜DATA

〔十字花科〕

發芽溫度　約18℃至25℃

放置場所　播種後一週放置於陰暗處。

盆器標準	栽種所需空間	單個專用盆器的收成量
小　同一般量杯大小的盆器即可	高15cm　寬15cm	約80g

栽種時間表

	1	2	3	4	5	6	7	8	9	10	11	12
播種	←————————————————————————————→
收成	←————————————————————————————→

① 播種

● 使用專用盆器，管理簡單

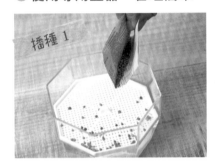

播種 1

準備培育新芽的專用盆器，在網蓋下方注入水分，播種時不要讓種子重疊在一起。將種子放在摺疊的紙片上，均勻地撒入盆器內。

播種 2

以噴霧器灑水至種子上，濕潤植株表面。

播種 3

將紙覆蓋於盆器之上，擋住光線，或放入小紙箱中培育。每日以噴霧器澆水，以防止種子乾燥。

Point

可使用專用盆器，或小瓶子及塑膠盆器栽培。將餐巾紙裁切成盆器的形狀，鋪於盆器底部，將種子撒在上面。夏天時水易腐臭，澆水後需將多餘的水分倒掉。使用新盆器時，建議先以食用酒精殺菌後，再行使用。

② 發芽

● 小芽破殼而出

發芽 1

播種二至三天後，種子即會膨脹，長出株根。4至5天後，即冒出小芽，此時不可讓種子照光線，每隔兩天換一次水（夏季時則每天換水）。

發芽 2

播種一週至十天後，將植株移到明亮場所，促進葉片綠化。

③ 收成

● 葉色變深，即可收成

播種十至十二天後即可收成，收成時，從網子處剪下株根，培育同時，陸續收成，可入菜食用。盡可能在本葉長出，葉子還處於鮮嫩的狀態時趁早收成。

※栽培法參閱「ルビーかいわれ」（日本栽培法套書）

青花菜芽

快速收成
輕鬆培育

相較成熟青花菜，抗氧化物質高達20倍左右，為高話題性的抗老聖品。不含刺激味，可輕鬆入菜。

沒有陽台種菜也OK！

栽培重點 ○○○○○○○○○○○○○

● 播種時不要讓種子疊在一塊，並隔絕光線。
● 株莖比蘿蔔嬰細，葉形也較小。
● 冬天室內溫度低時，需於盆器上覆蓋保鮮膜以保溫和保濕，促進發芽。
● 發芽後綠化前的三天，是抗氧效果最佳的時機。

蔬菜DATA

〔十字花科〕

發芽溫度　約15℃至20℃

放置場所　播種後一週放置於陰暗處

盆器標準	栽種所需空間	單個專用盆器的收成量
小　同一般量杯大小的盆器即可	高15cm　寬15cm	約40g

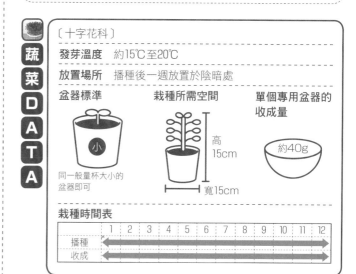

栽種時間表

	1	2	3	4	5	6	7	8	9	10	11	12
播種	←————————————————→											
收成	←————————————————→											

綠豆芽

豆芽在玻璃瓶內日漸茁壯

種子發芽後，芽根皆可食用的豆芽菜，一般超市皆有販售，價格便宜，但自家栽培也別有一番樂趣。栽培時宜放至陰暗處培育，全程放置於玻璃瓶中。每天早晚皆需換水，並搖動瓶身，讓水能充分浸入每一粒種子內。

綠豆芽

(快速收成)
(輕鬆培育)

綠豆芽的株枝又白又粗，帶有草根性的特質，容易培育。不帶腥味，口感清脆水嫩，並帶有微微的豆香味。

〔豆科〕

發芽溫度	約15℃至20℃
放置場所	照不到光的陰暗場所

盆器標準

小
500㎖左右

栽種所需空間

高15cm
寬10cm

一個玻璃瓶的收成量

約200g

栽種時間表

	1	2	3	4	5	6	7	8	9	10	11	12
播種	←											→
收成	←											→

---

① 播種

● 以水清洗，去除髒污

播種 1

將玻璃瓶以熱水或市販消毒液殺菌後，裝入1/5的豆子，注入水分。輕搖瓶身，去除豆上的髒污。

Point

豆子上有很多肉眼看不到的髒污，如不清潔乾淨，易雜菌叢生、腐爛，因此需換5至6次清水，反覆搖晃清洗。

播種 2

將水注入瓶中，蓋上紗布或廚房用瀝水網，放置半日，讓豆子吸收水分。之後再慢慢將水分倒出。

播種 3

以紙片覆蓋種子，或將玻璃瓶移至陰暗場所，在涼爽不透光的環境下培育。

蔬菜DATA

② 換水

● 每日換水培育

換水

播種後，每天早晚將水注入盆器中，搖晃清洗豆芽。

③ 收成

● 玻璃瓶內豆芽叢生

收成

四至五天後，小芽冒出，一週至十天後，豆芽即會塞滿整個玻璃瓶。取下瓶蓋，取出豆芽即可。如無需立刻使用，可再次蓋上瓶蓋，注入水分，清洗豆芽，並放入冰箱冷藏，以防止豆芽繼續生長。

Check

豆芽要趁小收成

豆芽形成後，要趁小收成。收成的豆芽汆燙後可加入沙拉或熱炒食用。汆燙後豆殼剝落，增加口感。

粉紅扁豆芽

（快速栽培）
（輕鬆培育）

相較比其他豆類，扁豆含有更多的鐵質、維他命B、E和食物纖維。粉紅色的豆子外觀亮麗，相當罕見。於沙拉中，或熱炒食用，讓餐桌上更加華麗，五彩繽紛。

沒有陽台種菜也OK！

栽培重點 ○○○○○○○○○○○○

● 加入扁豆，搖晃清洗。放置於陰暗處保管，需每日清洗。
● 粉紅扁豆的髒污較多，播種後需每天換水，清洗髒污。
● 扁豆殼較軟，可連殼入菜食用。
● 如暫時不使用瓶中的豆芽時，可蓋上瓶蓋，注入水分搖晃清洗後，放進冰箱保存。

蔬菜DATA

〔豆科〕

發芽溫度　約15℃至25℃

放置場所　照不到光的陰暗場所

盆器標準	栽種所需空間	一個玻璃瓶的收成量
小 500㎖左右	高15cm 寬10cm	約200g

栽種時間表

	1	2	3	4	5	6	7	8	9	10	11	12
播種	←											→
收成	←											→

水耕栽培

利用蔬菜枝葉生長

將粘土經高溫燒烤後，製成發泡煉石來取代培養土的栽培方式。栽培時不需使用土壤，室內栽培時也能更加清潔衛生。從已生長的株根開始栽培，會比較輕鬆。

水芹

快速收成　輕鬆培育　收生期長

略帶清爽的香氣，些微辣味的香草蔬菜。水芹本是生長在水邊的蔬菜，培育時注意隨時補充水分。株根長大後，會開出小花朵。

蔬菜DATA

〔繖形花科〕

發芽溫度	約20℃至25℃
放置場所	日照充足處

盆器標準	栽種所需空間	單個盆器的收成量
小 200ml左右	高15cm 寬10cm	約100g

栽種時間表

	1	2	3	4	5	6	7	8	9	10	11	12
定植	←											→
收成	←											→

① 準備

● 從剩餘的蔬菜開始栽培

準備1

將玻璃瓶以熱水或除菌液殺菌，以發泡煉石取代培養土，並準備具有防止根腐效果的珪酸鹽白土。

準備2

準備比玻璃瓶長的水芹株莖，並去除下方的葉片。

準備3

在杯子注入水分，放入株莖浸水促進發根後，至根部長出。每日換水，防止雜菌繁生。

② 定植

● 植入已發根的株莖

定植 1

在玻璃瓶內放入高2cm防止根腐的珪酸白土。將白土放在紙上，慢慢地倒入玻璃瓶中。

定植 2

以發泡煉石當作培養土。再倒入高2cm發泡煉石於玻璃瓶中。

定植 3

水芹株根長出後，放入盆器中，加入8分滿的發泡煉石。定植後，加入1/5的水，日後盆器中需隨時保持1/5的水分。

③ 收成

● 享受多次收成的樂趣

定植後，葉子增加後即可收成。收成時，以剪刀從葉根處剪下，藉此刺激側芽增生，可享受多次收成的樂趣。

鴨兒芹

快速收成　輕鬆培育　收成期長

日本料理必備的日本香草蔬菜，只要確實防止乾燥，即可輕鬆培育。植株受到日光照射時莖部會變硬，請避免將植株放置窗邊。

沒有陽台種菜也OK！

栽培重點 ○○○○○○○○○○○

● 可直接於大賣場購入帶有海棉的水芹植株定植。
● 於根部上方5cm處以剪刀剪下，加入發泡煉石，栽種於玻璃瓶內。
● 海棉下方浸水5mm，待根生長超出海棉後，以剪刀裁切的刀口處也會長出側芽。
● 依序以剪刀收成剪下的葉子，即可長期收成。

蔬菜DATA

〔繖形花科〕

發芽溫度　約15℃至20℃

放置場所　無光處也可培育

盆器標準	栽種所需空間	單個盆器的收成量
 小 200mℓ左右	高10cm 寬15cm	約30g

栽種時間表

	1	2	3	4	5	6	7	8	9	10	11	12
定植	←											→
收成	←											→

除了蔬菜之外，如果陽台還有多餘的空間，不妨嘗試種一下結實的果樹吧！

果實比蔬菜更能適應氣溫的變化，就來挑戰看看吧！

在自家種植喜愛的水果吧！

藍莓

成簇結果

輕鬆培育

酸味獨特，具花青素、維他命C豐富的人氣水果。將兩株同系統、不同品種的植株種在一起，可改善著果的情形。

蔬菜DATA

〔杜鵑花科〕

培育溫度	依品種而異	**主要病蟲害**	夜盜蟲

放置場所　日照充足、通風良好處

盆器標準	栽種所需空間	單個盆器的收成量
深	高70cm 寬40cm	約100~250g（2株）※品種、樹木大小不同，收成量也會不同。

栽種時間表

	1	2	3	4	5	6	7	8	9	10	11	12
定植			← →							← →		
收成						←		→				

（定植隔年收成，品種不同，栽培月程也不相同）

① 定植

● 準備兩株不同品種的植株

定植1

栽培時，不使用一般的培養土，而改用藍莓專用的培養土或強酸性的土壤；將兩株同系統、不同品種的植株種在一起，可改善著果情形。

定植2

於盆器底部鋪入盆底網，放入盆底石後，加入與苗齊高的專用培養土，將幼苗從育苗鉢中取出，放入盆器中，再覆土輕掩幼苗的株根；並大量補充水分，至水分從盆底流出。

Point

將幼苗從育苗鉢內取出時，可輕敲根鉢。將株根放置於土面上，以指尖輕壓株根，去除根鉢和土壤間空隙。定植後，與蔬菜相同，澆入大量水分。

② 追肥

● 定期追肥

定植後十天至兩週，待植株穩定後，即可於株根附近施肥，並混入土壤中。之後，需於隔年春天冒芽時、夏季收成時及入冬前進行追肥。

③ 開花

● 冬季過後，春暖花開

冬季栽培時不要施加太多水分，到了春季，小花依序綻放後，需每天澆水一次。將不同品種的植株花粉，以棉花棒進行人工授粉。

④ 收成

● 果實開始成熟時

初夏之際，果實紛紛結果，以扭轉方式摘下成熟的青紫色果實，進行收成工作。

藍莓 🍴 聖代

Juicy Recipe

在玻璃杯中交互放入優酪和藍莓，加入手作藍莓醬，作出的自家製聖代。

材料（2人分）

藍莓	120g	楓糖漿	1大匙
優酪	180g	蘆薈果肉	60g
玄米片	4大匙	薄荷葉	1節
三溫糖	2大匙	水	1大匙

※三溫糖是黃砂糖的一種，為日本的特產，常用於日本料理，尤其是日式甜點。

作法

1. 將藍莓（15粒）、三溫糖、水加入攪拌器中攪拌，作成藍莓醬。
2. 將藍莓醬放入微波爐中加熱一分鐘，置涼後加入楓糖漿攪拌均勻。
3. 依玄米片、藍莓果實、優酪、步驟2藍莓醬、優酪、藍莓果實、蘆薈果肉、步驟2藍莓醬的順將，將材料層層堆疊放入玻璃杯內。
4. 最後加入薄荷葉作為裝飾即完成。

● 蔬菜鑑定師 Advice

藍莓為抗氧化之最，花青素含量豐富，與具有整腸功能的優酪，及食物纖維豐富的蘆薈果肉，集結所有抗老精華的活力聖代，可長保健康又美麗。

在陽台培育果樹

檸檬

快速收成 輕鬆培育

微酸的檸檬，可加入料理或飲品中，也可作為芳香劑使用，是為萬能水果。品種眾多，可依培育區域的氣候，選擇易栽培的品種。

 蔬菜DATA

〔芸香科〕

培育溫度 約0℃至25℃（一年平均氣溫15℃左右）
※依品種而異，台灣的品種宜於24℃至34℃。

主要病蟲害 鳳蝶幼蟲、油蟲

放置場所 日照充足處

盆器標準	栽種所需空間	單個盆器的收成量
	高1.5m 寬40cm	約10至20個

栽種時間表

	1	2	3	4	5	6	7	8	9	10	11	12
定植			← →						←	→		
收成	→								←			→

（品種不同，培育日程也不相同）

---

① 定植

● 選擇喜好的品種定植

定植 1

選擇植株穩健、葉色深的幼苗，並檢查葉上是否有病蟲害侵蝕的跡象。

定植 2

於盆器底部鋪入盆底網，放入高4至5cm盆底石，加入與苗齊高的培養土；取出幼苗放置於土面上。

定植 3

加入土壤於盆器中，請留意不要將根部隆起的部分埋至土內；以手掌按壓株根，去除根缽和土壤間的空隙。定植後，從枝芽上剪下50cm。

Point

定植後，需大量澆水。每當土面乾燥時，即施以大量水分，至水分從盆底流出。

② 花開

⬤ 綻放出可愛的白色小花

開花 1

約四月中旬至五月，枝葉上長出紫紅色的花蕾時，即需於株根周圍施以固態肥料，並將肥料攪入土壤中；之後一直到結果前，每兩週追肥一次。

開花 2

白色的花朵綻放後，約五月、六月中旬，拔除其他花蕾，讓營養集中在果實和植株上。

開花 3

花朵落地後，綠色果實即開始膨脹；一株植株上如長出兩顆以上的果實，留下一顆，其餘則摘除。

Point

檸檬樹上易生出潛葉蟲、葉蹣和鳳蝶的幼蟲。特別是當株葉上生出幾隻鳳蝶的幼蟲時，一個晚上葉子即會被啃食怠盡，如果發現幼蟲時，需即刻撲殺。

③ 收成

⬤ 將青澀的果實和成熟的果實分開採收，即可多次收成。

收成 1

花開約六個月後，即會長出深綠色的果實。綠色變淡時即刻收成，即可享用到酸味強烈、香氣濃厚的檸檬。

收成 2

果實轉黃後，即可收成成熟的果實。成熟的果實果肉較軟，酸味較潤口。如果在不降霜的溫暖地區，可保留果實度冬。

Check
枝葉繁密時，實行剪定作業

在花蕾長出前的三個月，剪定上方的枝葉。剪除枝梢的前10cm處，將植株修成橢圓形。當枝葉間過於緊密，需進行間拔剪定，改善通風環境，順道除刺。

蔬菜 栽培の Q&A

本單元將提供簡單有效的建議，為你解決種菜時的煩惱和疑惑！

 Q 迷你番茄必須要在乾燥的環境下培育，那碰到下雨天，該如何是好呢？

 A 迷你番茄遇到強雨時，果實即會成熟，導致裂果；雨天時需將植株移至有屋簷處，避免雨水直接沖刷植株。如果陽台處沒有屋簷，則可以在植株上套上塑膠袋，抵擋雨水的侵襲。

 Q 夏天遇上颱風時，該注意什麼呢？

 A 如迷你番茄、小黃瓜、茄子等植株高度較高的蔬菜，有傾倒的可能。颱風時期，需豎立支柱，以繩子綁緊陽台的護欄，或將植株移至安全無風的地方。雨停後，植株受烈日曝曬時，葉片也可能會出現焦黑的情況，收成時務必將水滴擦拭乾淨。

 Q 收成結束後，舊土可以當成垃圾回收嗎？

 A 地方政府機關幾乎都不將培育植物用的土壤當作垃圾，詳細情形請至區公所查詢，有些園藝店也會願意受理廢土。另外，實行以下程序，即可活化收成過後的土壤。

1. 將土以篩網過篩，清除土壤中的枯葉和株根等廢棄物。
2. 將過篩的土壤放入透明的塑膠袋中，注入水分，與土壤均勻混合。將透明袋束緊呈密閉狀態。
3. 倒出袋中的土壤，攤平於烈日下曝曬兩週。
4. 將殺菌完畢的土壤混入苦土石灰（或土壤改良劑）及有機肥料，即再生完成，使用時混入新培養土後再行使用。

 Q 剩下的種子，隔年還能播種嗎？

 A 在種子袋上標示的使用期限內皆可使用，但保存方法非常重要。請以膠帶密封種子袋口，和一般點心內的乾燥劑一同放入密封盆器中，將蓋子蓋緊。之後，再移至陰暗處保存。

Q ▶ 我常常出差不在家，
無法每天按時澆水，
這樣能種菜嗎？

A 種菜時，澆水是很重要的步驟。因此，市販上有販賣許多便利的澆水工具，讓沒時間的人也能輕鬆種菜。圖為其中一項工具，將水管的一端插入土壤，另一側放入裝水的盆器內，即可自動吸水，將水分送至土壤中。園藝店和量販店中有各種澆水輔助工具，請親洽店面詢問。

Q 陽台狹窄，
放入盆器後，
就沒有空間通行了。
怎麼辦才好呢？

A 建議於欄杆處掛上竹籃，或在曬衣杆吊上鎖鍊，將盆器固定在高處，活用空間，修整盆器時也不需以蹲姿處理。

Q ▶ 播種後，氣溫持續偏低，
芽遲遲冒不出來。
有方法可有促進發芽嗎？

A 氣溫遲遲不上升時，可以塑膠袋包住盆器，打造小型溫室，但仍需保持透氣；秋冬栽培，當氣溫突然下降時，也可使用此培育方式。

Q 盆器擺放朝南時，
夏天日照過強，
土壤容易乾燥，
有沒有解決方法呢？

A 於植物株根處放入石頭，防止乾燥。也可將植株高度較低的植物放置於株根周圍，阻擋日光。

Q 陽台空間小，欲將不同的蔬菜種在同一個盆器內。這時蔬菜應如何搭配好呢？

A 蔬菜中，一同栽種可互助督促成長的「共榮植物」。其中，番茄和蘿勒的搭配可說是天衣無縫，蘿勒的香氣可驅除番茄的害蟲，也可增加番茄的風味，而金蓮花（非蔬菜）也有驅除油蟲的效果。此外，如：番茄、茄子、青椒等植株高度較高的蔬菜，與高度較低的蔬菜一同種植，可防止土面乾燥。

Q 種植完成後，
需要進行後續工作嗎？

A 首先，清理土中的枯根；接下來將土壤、盆底石、盆底網從盆器中取出，將土壤處理掉，或活化再次利用；清除盆底網、盆底石中的土壤和髒污，即可重複使用；最後，將盆器中的土壤和髒污清除掉，以水清洗乾淨即可。

金蓮花

🌱 **共同蔬菜搭配組合**

・菠菜×冬蔥 ➡不易患病。	・青椒×羅勒 ・蘿蔔×羅勒 ・油菜×嫩葉 ・茄子×義大利香芹 ➡害蟲不易滋生。
・紫蘇×小黃瓜 ➡驅除小黃瓜上的害蟲。	

種菜のQ&A

蔬菜栽培 專門用語

此單元將蔬菜栽培時使用的術語及物品名稱整理一覽表。

（※索引以日文發音排序）

あ行

赤玉土
將紅壤土乾燥後，排水性、保水性與透氣性均佳的土壤，有大、中、小粒之分。

育苗
在移植至大盆器前，將種子撒於塑膠盆或小盆鉢裡培育幼苗。

移植
將栽培盆或小花盆中培育的幼苗轉移至別處種植。

第一朵花
第一朵花就是指最早開出的花。像在茄子及青椒這類蔬菜上，是由第一朵花的所在位置為基準決定側芽生長的狀況。

第一顆果實
最早結的果就叫做第一顆果實。第一顆果實結成時，植株仍在持續生長，若所有的營養都集中在第一顆果實上的話，之後的果實則可能無法結果。為了讓營養能夠分散在各個部位，因此要在第一顆果實還不大時就要採收下來。

定植
將培育到適當大小的幼苗移植至較大的盆器中。

液肥
液體狀的肥料，由於具有速效性，因此當葉子的顏色變淡時，加入此肥料，立刻可看見效果。

傳染病
傳染病是指葉子、莖、果實等部位變色枯萎的狀態。在番茄、馬鈴薯、茄子、青椒等的蔬菜中常可看到。

雄花
如黃瓜此類沒有雌蕊，只有雄蕊開花的單性花。

か行

害蟲
如：蚜蟲、青蟲等，將蔬菜類農作物的葉子、莖、果實等部位造成損傷的蟲類總稱。

株距（株間）
株距是指植物與植物之間的間距。如果株距太小，蔬菜的成長速度會變慢，因此若是將多株蔬菜放在一起種植，則需注意距離，每一株與其它株的葉子不要相碰觸。

株根
植株的根的部分。

花蕾
花蕾是指花及花苞。如青花菜及花椰菜等蔬菜的花蕾可食用。

緩效性肥料
緩慢且長期使用後才可看出其效用的肥料即為緩效性肥料，作為基肥來使用。

寒冷紗
用來遮避夏天日曬、冬天的寒冷與霜害，及害蟲所帶來的損傷而覆蓋在蔬菜上的細格紋的薄不織布。

結球
蔬菜內側的葉子成螺旋狀，與其它的葉子互相重疊成為球狀。本書中介紹的菊苣即為結成球狀。

厭光性種子
有陽光即會抑制其發芽的種子稱為厭光性種子。蘿蔔一類的蔬菜為厭光性種子，而本書中介紹的小蘿蔔即為此類。在播種後要以土壤厚厚地將種子覆蓋住。

好光性種子
有陽光即會促進其發芽的種子稱為好光性種子。本書中的萵苣、鴨兒芹、紫蘇等即為此類。播種後，將土以篩網等器具過篩，覆蓋一層薄薄的土即可。

さ行

豎立支架
當蔬菜種植高度變高或藤蔓類蔬菜，為了不讓蔬菜的枝條下垂，需要設立支架將其支撐起來。而根據蔬菜種類不同，也可在其枝條只有一點點高度時先設立臨時支架，而待其枝幹長更高時再換主枝架。

主枝
從植株的中心部分生長出，又粗又壯的枝幹。

授粉
雄蕊花粉沾至雌蕊稱為授粉。

人工授粉
為了要讓蔬菜長得好，以人為方式產生授粉的動作即為人工授粉。進行人工授粉時，會以棉花棒或毛筆將花粉塗在雌蕊上，而像小黃瓜那樣同時具有雌花和雄花的蔬菜，則會把雄花摘下來，然後將其在雌花上來回磨擦即可。

條播
以板子等在泥土上挖出一直線的溝，將種子放入其中的播種方式；適合食葉蔬菜類的播種方式。▶▶ 請參閱P.10・P.11

剪枝
剪枝是指將生長過多的側芽進行摘除作業。為了使蔬菜有良好的通風及日照環境而將枝條做修剪整理的工作。

節間
由葉子、芽所形成莖的部份稱為節，而節與節之間的部位則稱為節間。優質的幼苗，其節間短，且長度也都差不多。

側枝

從主枝的葉柄生長出去的莖與枝節。

た 行

追肥

配合蔬菜的成長過程所施與的肥料稱為追肥。而於播種及移株前所施與的肥料則稱為基肥。

培土

將土壤往植株根部堆積稱為培土。根部的土壤增加了，植株也就更穩固。此外，如小蘿蔔、馬鈴薯等根葉從地表生長出來時，也需要進行培土。

摘芯

將主枝前端的幼芽摘除，使其停止生長即稱為摘芯。摘芯後可促使側芽生長，側枝則會增加，整顆植株也就可以長得較大。

點播

將土以一定間隔挖出凹洞，然後將種子一粒粒放入凹洞中的播種方式，適用於大粒種子的播種方式。
▶▶請參閱P.10・P.11

抽苔

即為老化，準備繁衍、開花、結果實（內有種子）的狀態。所以會使蔬菜的葉子變硬，口感不佳。

な 行

爛根

因澆水量過多，或排水及通風太差缺氧而導致蔬菜的根部形成腐爛的現象。

根缽

將種植在塑膠盆或盆缽中的菜苗換盆時，菜苗的根部因原本的培植盆器形狀而形成的硬塊即為根缽。在移株換盆時，請注意不要破壞了根缽的形狀。

は 行

培養土

種植蔬菜時所需營養素都已備齊的栽培用土壤。對於新手來說，購買市面上販賣的培養土來開始著手種植蔬菜是不錯的選擇。培養土也可根據不同蔬菜所需的營養素作混合加工。

散播

在花盆每一處都可播種的方法。像綜合嫩葉這類植株高度較低蔬菜適合以散播方式種植。
▶▶請參閱P.10・P.11

病蟲害

對正在生長的蔬菜造成各種損傷之蟲類及病變的總稱。一旦發現有病蟲害的影響時，請敬早採取對策，防止傷害擴大。

雙子葉

種子發芽時的兩片子葉。

本葉

從子葉繼續生長出的葉子為本葉，也就是蔬菜原有的葉子形狀。

ま 行

間拔

為了要取得良好的株距，因此在種子生長成幼苗的過程中，將搖晃孱弱的植株拔除的動作稱為間拔。

覆土

為了防止因生長及澆水等因素，而使蔬菜根部露出土壤表面，在植株根部處進行覆土的動作。

斷水

蔬菜在生長時所需水分不足的狀態即為斷水。不耐乾燥的植物在斷水的狀態下會有枯萎的狀況產生。

發芽播種

在播種前，事先將種子發芽後再播種，其後的生長會更順利。

雌花

像小黃瓜那樣的單性花，只有雌蕊的花。

基肥

換盆前事先於土壤中加入的肥料。通常使用的是養分漸漸發揮及效期長的緩效性肥料。

や 行

牽引

將長長的莖及藤蔓等與支架綁在一起，以整理與固定其形狀的方式即為引枝。以麻繩等工具與莖纏繞在一起，刻意引導其往所欲生長的方向生長。

有機肥料

動物的糞便、骨頭、落葉等有機物發酵後的肥料即為有機肥料。

共生栽培

將多數的蔬菜放入一個大盆器中一起種植即稱為共生栽培。建議將彼此能互相幫助生長、驅除害蟲的共榮作物一起種植；培育較好。

ら 行

裂果

果實的表面出現裂縫稱為裂果。因收成太慢或溫度突然變化而產生。

わ 行

側芽

從主枝的葉柄生長出的嫩芽。

摘側芽

將不必要之側芽摘除的作業。通常減少結果蔬菜的側枝，以利其主枝的莖部生長，作業後其果實都長得較佳。

蔬菜栽培專門用語

一日瞭然的 蔬菜栽培 月份表

將本書中介紹的42種蔬菜的栽培日程，
製作為一覽表，方便參考。
播種、定植前，請先確認日程。

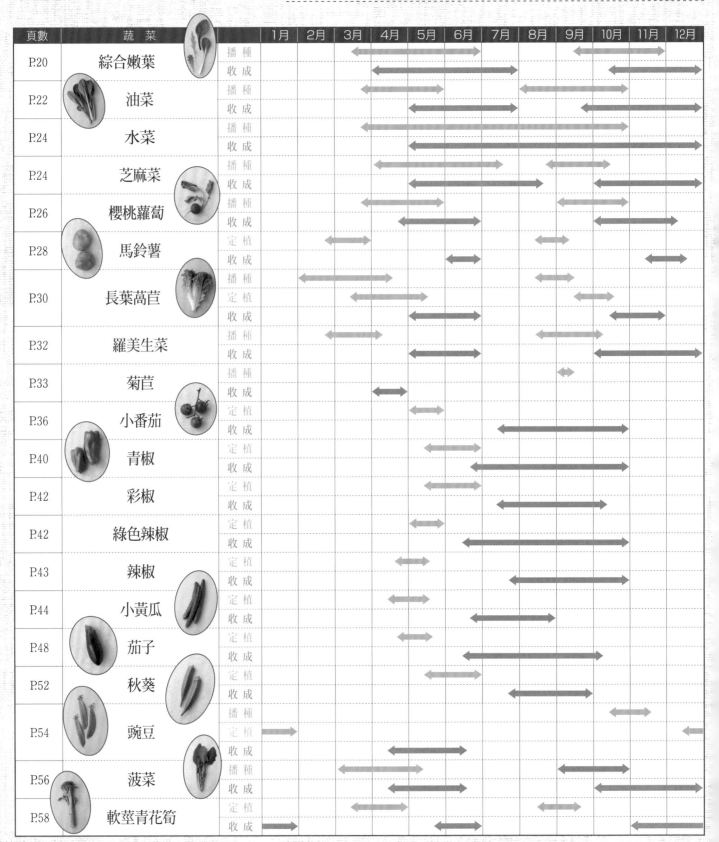

頁數	蔬菜		1月	2月	3月	4月	5月	6月	7月	8月	9月	10月	11月	12月
P.20	綜合嫩葉	播種												
		收成												
P.22	油菜	播種												
		收成												
P.24	水菜	播種												
		收成												
P.24	芝麻菜	播種												
		收成												
P.26	櫻桃蘿蔔	播種												
		收成												
P.28	馬鈴薯	定植												
		收成												
P.30	長葉萵苣	播種												
		定植												
		收成												
P.32	羅美生菜	播種												
		收成												
P.33	菊苣	播種												
		收成												
P.36	小番茄	定植												
		收成												
P.40	青椒	定植												
		收成												
P.42	彩椒	定植												
		收成												
P.42	綠色辣椒	定植												
		收成												
P.43	辣椒	定植												
		收成												
P.44	小黃瓜	定植												
		收成												
P.48	茄子	定植												
		收成												
P.52	秋葵	定植												
		收成												
P.54	豌豆	播種												
		定植												
		收成												
P.56	菠菜	播種												
		收成												
P.58	軟莖青花筍	定植												
		收成												

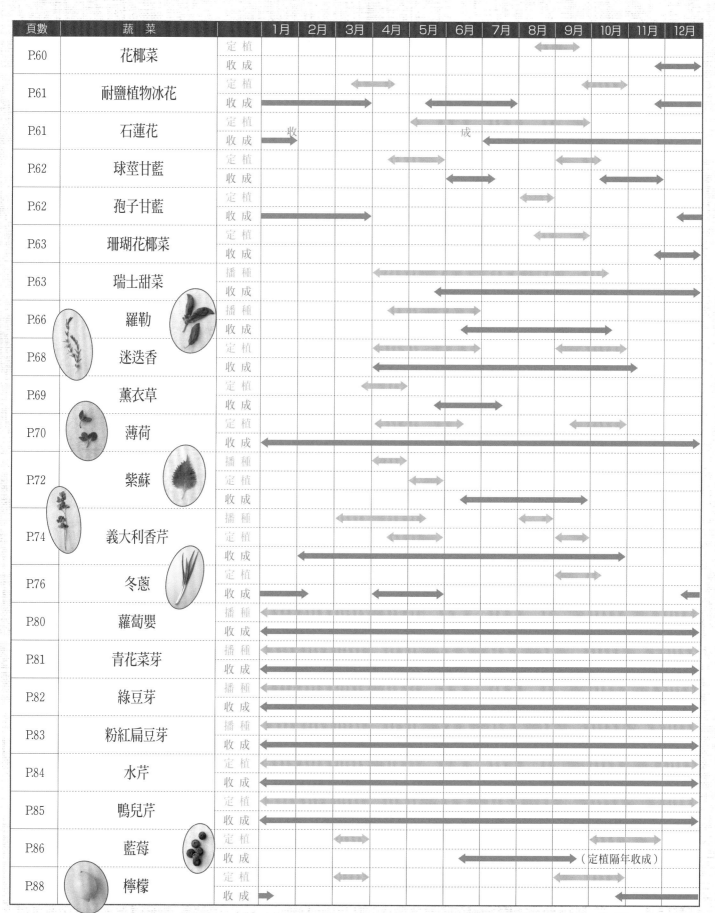

蔬菜栽培月份表

頁數	蔬菜		1月	2月	3月	4月	5月	6月	7月	8月	9月	10月	11月	12月
P.60	花椰菜	定植								◄——►				
		收成											◄——►	
P.61	耐鹽植物冰花	定植			◄——►						◄——►			
		收成	◄—————►				◄————►				◄——►			
P.61	石蓮花	定植					收◄———————————成►						
		收成	◄—收►（至1-2月）					◄————————————————►				
P.62	球莖甘藍	定植					◄——►						
		收成						◄——►			◄——►		
P.62	孢子甘藍	定植							◄——►				
		收成	◄————————►									◄——►
P.63	珊瑚花椰菜	定植								◄——►			
		收成											◄——►
P.63	瑞士甜菜	播種				◄——————————————►						
		收成							◄————————————►			
P.66	羅勒	播種				◄——►						
		收成						◄——————►				
P.68	迷迭香	定植				◄———————————►			◄——►			
		收成			◄—————————————————————————►					
P.69	薰衣草	定植			◄——►							
		收成					◄——►					
P.70	薄荷	定植								◄——►		
		收成	◄————————————————————————————————►					
P.72	紫蘇	播種				◄——►						
		定植					◄——►					
		收成						◄——————————►			
P.74	義大利香芹	播種			◄——►				◄——►			
		定植				◄——►						
		收成	◄———————————————————————►					
P.76	冬蔥	定植								◄——►		
		收成	◄——►		◄————————►						◄—►
P.80	蘿蔔嬰	播種	◄——►
		收成	◄——►
P.81	青花菜芽	播種	◄——►
		收成	◄——►
P.82	綠豆芽	播種	◄——►
		收成	◄——►
P.83	粉紅扁豆芽	播種	◄——►
		收成	◄——►
P.84	水芹	定植	◄——►
		收成	◄——►
P.85	鴨兒芹	定植	◄——►
		收成	◄——►
P.86	藍莓	定植			◄——►						◄——►		
		收成						◄——————————► （定植隔年收成）			
P.88	檸檬	定植			◄——►						◄——►		
		收成	◄►										◄——————►

95

| 自然綠生活 | 01

從陽台到餐桌の迷你菜園
親手栽培 ‧ 美味&安心

作　　者／BOUTIQUE-SHA
譯　　者／蔡依倫
發 行 人／詹慶和
總 編 輯／蔡麗玲
執行編輯／詹凱雲
編　　輯／蔡毓玲‧林昱彤‧劉蕙寧‧李盈儀‧黃璟安
封面設計／周盈汝
美術編輯／陳麗娜

出 版 者／噴泉文化館
發 行 者／悅智文化事業有限公司
郵政劃撥帳號／19452608
戶　　名／悅智文化事業有限公司
地　　址／新北市板橋區板新路 206 號 3 樓
電子信箱／elegant.books@msa.hinet.net
電　　話／(02)8952-4078
傳　　真／(02)8952-4084

2013 年 5 月初版一刷　定價 300 元

Boutique Mook　No.997
VERANDA PETIT-SAIEN
Copyright © 2012 BOUTIQUE-SHA
All rights reserved.
Original Japanese edition published in Japan by BOUTIQUE-SHA.
Chinese (in complex character) translation rights arranged with
BOUTIQUE-SHA
through KEIO CULTURAL ENTERPRISE CO., LTD.

經銷／高見文化行銷股份有限公司
地址／新北市樹林區佳園路二段 70-1 號
電話／0800-055-365　　傳真／(02)2668-6220

STAFF

編輯統籌／丸山亮平
企劃‧編輯／飯诏亜希子（株式會社ケイ‧ライターズクラブ）
設計‧DTP ／本田真規（株式會社明昌堂）
攝影／小林友美‧永田あおい
畫像提供／伊藤貴史
插圖／小春あや

@ 監修者
永田あおい
農學士、園藝專家、「FKstyle by Bigmama 有限公司」代表。
玉川大學農學系畢業。
專研於種花、種菜及色彩分析，及花藝&園藝花造型設計。
具蔬菜鑑定師的資格，研發含有豐富維他命&美味的蔬菜料理。

國家圖書館出版品預行編目 (CIP) 資料

從陽台到餐桌の迷你菜園：親手栽培‧美味 & 安心
/ Boutique-sha 著；蔡依倫譯 -- 初版 . -- 新北市：
噴泉文化館出版：雅書堂文化發行 , 2013.05
　面；　　公分 . -- (自然綠生活；1)
ISBN 978-986-89091-3-7(平裝)

1. 蔬菜 2. 栽培
435.2　　　　　　　　　　　　　　102007062

花之道＼02

拿起花剪學插花
初學者的第一堂花藝課──你一定要知道花草事！

enterbrain◎著

定價：480元

花之道＼03

愛花人一定要學的花の包裝聖經
不同花材 × 包裝素材 × 送禮主題──
140 款別出心裁の花禮DIY

enterbrain◎著

定價：480元

《花時間》特別編集

從處理花材開始，認識各種花材的吸水處理法、各式各樣的花藝工具、如何運用花材固定並改變造型，當學完基礎之後，緊接著就進入應用篇：紮出螺旋狀的手綁花束、製作簡單花束包裝與緞帶結、新鮮與乾燥花環的技巧、胸花與進階的新娘捧花製作。

所有作法皆以圖片呈現，清楚明瞭，並詳細記載製作時的注意事項與訣竅。書末附上花店最富人氣的花葉果實150種，下次遇見它們也能叫出名字了！

楽活栽 Lohas
Star simply.Start fresh.

無添加才有好味道

人們吃什麼買什麼決定農夫種什麼怎麼種
當我們在選擇日常清潔用品時，是在選擇清潔還是味道，
是否人們都把焦點模糊了，索性
無添加才有好味道

產品原料經法國
ECOCERT有機認證

◆採用Ecocert有機認證合格溫和天然界面活性劑，不傷
人體與環境，全家人安心使用。

◆本產品經中華有機協會有機產品生產過程添加物驗
證合格，證書字號CA-10COAS001。

◆清柔的潔淨頭皮頭髮髒汙及油脂，幫助髮質柔順。

◆有效護色、減少髮尾分岔斷裂；洗後使頭髮光
亮柔順好整理。

◆添加了天然賦脂劑、小麥蛋白，增加髮絲強
度與質量。

◆小麥蛋白及天然賦脂劑補充髮絲流失養分。

◆原料根據歐盟有機產品法生產，不含
矽靈‧不含Paraben防腐劑‧不含動物
衍生成分‧不含色素‧不做動物實驗。

成人有機清潔系列產品
嬰兒有機清潔系列產品
寵物有機清潔系列產品
環境有機清潔系列產品
全產品通過有機認證

有機棉‧給孩子最純淨的觸感

無農藥‧無漂白‧無甲醛‧不含螢光劑

採用GOTS認證有機棉紗，100%有機棉
進口有機認證原棉‧MADE IN TAIWAN

樂活栽 Lohas
Star simply. Start fresh.

樂活栽有機城市農夫
家庭園藝第一品牌

自然有機心生活

輕鬆陽台種菜，體驗富足的慢活人生

蒔花不用土，種菜不用泥

樂活栽簡單的說就是[居家有機蔬菜栽種組]，有機蔬菜自己種，健康、養生又趣味十足。乾淨、無污染的有機椰土，是一種從椰子殼中萃取出來的纖維肥料，不含任何添加物，不滋生細菌及蚊蟲，同時可被生物分解是100%環保產品。

小白菜栽種過程

內容:
1. 有機栽種箱*1 L45*W30*H25cm
2. 有機椰磚*1（1000g/個，加水後可膨脹至15公升）
3. 大自然有機基礎肥（1kg/包，與椰土混合，作基肥使用）
4. 雙效有機成長粒肥（600g/包，追肥使用）
5. 移植鏝*1（台灣製造，供城市農夫翻土、移植使用）
6. 蔬果名牌*3（紀錄植物生長歷程、植物種類）
7. 種子*6（精選當季優良種子，發芽率高）

樂活栽
Start simply
Start fresh

「樂活栽」で優雅なグリーン生活を始めよう！

有機、輕食、樂活栽

每次看見孩子們蹲著觀察小花、小草認真的模樣，總讓人會心一笑。那泥土的香氣和青草味，也混雜著你我童年美好的記憶。然而，匆忙現實的人生讓我們都遺忘了如何簡單。

種植 是一種深層的沉澱，回歸原始、體驗緩慢、恣意的珍貴感受不必遠求...「樂活栽」，讓每個人都能輕鬆在居家陽台，栽種出健康、安心的有機蔬果，和親愛的家人一起享受田園之樂，你會發現生活的趣味，就在植物的成長秘密中。

想要追求Lohas永續、健康生活，「樂活栽」是每位城市農夫的首選。擁有專利設計的栽種箱，搭配原始天然的有機土壤，加上精選優質的種子，即使是初次嘗試的園藝新手都能輕鬆入門。現採鮮吃自己栽種的安心蔬果，簡單天然的生活方式，就從陽台庭院開始。

greenlohas
www.greenlohas.com.tw

Vegetable Cultivation